完美女人的修成之道

李灵琳◎著

中南出版传媒集团
民主与建设出版社

图书在版编目（CIP）数据

完美女人的修成之道 / 李灵琳著 . -- 北京：民主
与建设出版社，2017.12

ISBN 978-7-5139-1850-3

Ⅰ . ①完… Ⅱ . ①李… Ⅲ . ①女性 - 修养 - 通俗读物

Ⅳ . ① B825.5-49

中国版本图书馆 CIP 数据核字（2017）第 292655 号

完美女人的修成之道
WAN MEI NV REN DE XIU CHENG ZHI DAO

出 版 人	许久文
著　者	李灵琳
责任编辑	刘树民
装帧设计	朝圣设计
出版发行	民主与建设出版社有限责任公司
电　话	（010）59417747　59419778
社　址	北京市海淀区西三环中路 10 号望海楼 E 座 7 层
邮　编	100142
印　刷	三河市天润建兴印务有限公司
版　次	2018 年 1 月第 1 版　2018 年 1 月第 1 次印刷
开　本	710mm×1000mm　1/16
印　张	18
字　数	260 千字
书　号	ISBN 978-7-5139-1850-3
定　价	39.80 元

注：如有印、装质量问题，请与出版社联系。

目 录
CONTENTS

第二辑　CHAPTER 02
职场修成之能说会道的好相处员工

目录
CONTENTS

第三辑 CHAPTER 03
职场修成之做高效率的有追求的员工

第四辑 CHAPTER 04
婚姻修成之做独立内涵的新时代女性

目录
CONTENTS

第六辑 CHAPTER 06
婚姻修成之做能抓住男人心的智慧女性

职场修成之有自我魅力的气质女性

1

职场中现代女性如果想游刃有余，应该善用与生俱来的女性的亲和力和同事和平相处。并在和谐的气氛中，凭着本身的实力和才干，再用女性的魅力包装自己，凭借实干和努力，必能求得出人头地的机会。虽然并非每一个女人都是美女或性感女神，但可以肯定的是，每一个女人都具有天生的女性魅力，只要你刻意发挥它，就能让异性被你吸引，也能让同性对你表示友善。一个有气质的女人，需要内涵、修养与智慧共存。所以我们要不断丰富自己的内涵和修养，提高自己的智慧，培养高雅气质，保持自己的善良和温柔，那么我们将会焕发出迷人的风采，成为一个职场中魅力十足的女人。

找对工作，方能驰骋职场

现代社会飞速发展，不仅男性为社会发展做出了伟大的贡献，很多女性更是巾帼不让须眉，驰骋职场，大有一番作为。而对于广大女性来说，了解适合自己的知识领域和行业是构建自身知识结构、选择合适工作的出发点。

一般来说，女人善于用右脑来学习和思维，女人的直觉判断力和直观记忆力都特别强。但女性的逻辑思维、抽象概括能力却一般不及男性，因此在哲学或数学的领域不是女性的长项。下面是根据广大成功女性的经历总结出的适合女性的行业和知识的领域。

1. 服务业

服务业是十分适合女性的一个行业。很多成功女商人都曾从事过这一行业的工作。因为女人的直觉感十分强，她可以清醒地看到每个层次的人们的需要，因此，选择服务业是发挥女人优势的一大天地。比如说空姐，工作体面，环境舒适，收入也比较高。

2. 教育业

女人天生就有一种母性，这种母性使女人有着比男人更强的心理优势。女人的母性、温柔、心细、耐心等天生特征都是女性从事教育业的优势。比如有很多女性选择做老师，特别是幼教行业现在发展得很好。

3. 传播业

在报纸、期刊和图书等出版行业里，女性的优势处处可见。她们拥有女性记者的采访优势，细心可以使她成为优秀编辑，她们的直觉判断使她们能够策划出读者喜爱的题目……女人在这个领域具有极大的发展潜力。在影视传播中，你的新构想和新观念可以在这里充分施展，把它们变为形象和声音，传播到世界上的每个角落。

4. 会计业

在西方，有两大就业潮流：很多男孩学电脑，成为电脑工程师；很多女孩学财会，成为财务管理人。在中国，也有很多女性成为非常吃香的会计师。女人的天性适于和数字统计打交道，会计业因此成为女性特别擅长的行业。

5. 律师业

女性也很适合从事法律工作。律师需要的记忆力强、思维敏捷、善交际、善言辞等特点，很多女性都天生具备。在律师行业里，大有作为的女律师不乏其人。

6. 艺术界

当演员、歌手、当技术员、当编剧、当导演等，女性都可大显身手。艺术界包容量很大，有学位的和没念过大学的人同样有成功机会。不过，干这一行生活大都不规律，有时甚至把白天当成夜晚。

[女性容易致富的职业]

公关自然是女性的传统优势项目，在竞争越来越激烈的知识经济时代，在眼球经济时代，公关比任何时候都更重要，不管是自己成立公关公司独当一面，还是身为某公司的中高级公关，就见这些公关小姐们在全球各地飞来飞去，为效力的各大公司做主题活动、组织培训，以至企业战略咨询与政府的联络等。女人具有天生的公关能力：表达能力、交际能力、协调能力都令女人在竞争上强于男人。

女人在传媒中的财富值令人羡慕，不仅仅是凤凰台的那些名角们，从中央电视台一飞冲天的董卿，湖南卫视"快乐大本营"台柱之一的谢娜，到原来效力于传媒后来掌管一家传媒的杨澜，她们的收入自然是比较高的。

保险行业是最近越来越火的行业，已经有大批女性精英们、女 MBA 们放弃自己的生意、放弃外企的高职位涌入其中，她们看到的是这个行业的可观的前景。

影视圈的境况也差不多，不是"先天资源"好或者"靠拼"就能赢。影视圈的显性收入其实不一定算得上最高，但隐性收大约无人能比，像走穴、广告的收入等等。

人力资源倒是一个不错的选择。现代企业不可或缺甚至越来越重要的人力资源这个位置已成为女人创富的首选。一个现代企业，最重要的不是资金是否充足，而是有没有一群有知识有能力并与企业同生共死的员工，而女性所特有的亲和力及号召力使她们更易胜任人事经理的工作。

此外，女性还可以从事零售、室内装潢、公务员等行业，但无论何种行业，都需要掌握好专业的知识。只要选定了自己的优势行业，并借助于一定的学习方法，凭借自身的美丽、智慧和能力，女性在职场中就一定能够获得成功！

职场打拼，不因性别而甘于落后

作为职场女性，你有没有想过为什么在职场中，男性所扮演的角色一般比女性更为重要？为什么在同等条件下，职场更青睐的是男性而不是女性呢？为什么自己在职场打拼了这么多年，却总是得不到提升呢？原因当然是多方面的。

大家可能都知道，女性在职场上很多时候会受到歧视。从找工作的一开始，多数用人单位对女性提出的要求就非常高，处在相同水平上，公司可能就要男性了。女性必须要比男性优秀，胜出的把握才大些。

进入公司后，很多条件对女性不利，有的时候并不是你的业绩好，就能得到较高的回报。多数女性在工作经历中，隐约感觉到自己与男性是不同的，感觉到不被群体接受。面对职场的性别歧视，女性该如何对待呢？

其实，女人跟男人相比，具有很多与生俱来的优势。因为在强调团队合作的情况下，女性比男性具有更高水平的交往技巧。因此，职场女性可以利用自己的这种能力，在工作中更加充分地发挥自己的特长。

改变一个人的固有观念也许很难，比如对女性的歧视，但你首先要自信，同时展示你的业务能力，还有就是对企业文化的知晓。知道这个企业喜欢什么样的人以及他们的日常规矩，和一些不成文的规定。既不能整天埋头工作，而不顾其他，也不能为了忙于职场的人际关系，而搞得满城风雨。你要兢兢业业，对男性喜欢竞争的天性有所了解，更要对他们所主宰的企业文化认识深刻。

职场女性要想在职场中取得更进一步的成绩，必须坚决摒弃典型的患得患失、优柔寡断的小女人心理，多多关注留意自己身边优秀的男性做事的决策过程，分析他们的决策思维，并吸其精华、弃其糟粕，久而久之自己做事的方式也会受其"感染"，从而提高自己做事的效率。此外，要想升职别忘了一点，就是要不断地付出。因此应该从这几点做起：

1. 运用智慧

工作时难免会遇到困难与挫折。这时，如果你半途而废，或置之不理，将会使公司对你的看法大打折扣。因此，随时运用你的智慧，或许只要一点创意或灵感便能解决困难，使得工作顺利完成。要充分发挥自己的聪明才智，做一些自己觉得有意义、有价值、有贡献的事，实现自己的理想与抱负。马斯洛认为这种"能成就什么，就成就什么"，把"自己的各种禀赋一一发挥尽致"的欲望，就是自我实现的需要。

2. 扩大自己的工作舞台

有空时到自己不熟悉的部门看看，了解其他部门的工作性质。多接触其他部门的同事，扩大自己的人际交往圈子。

3. 施展你的人格魅力

在大多数人眼里，人格魅力是最不可捉摸的神秘因子，是一种神秘得近乎神奇的事业推进剂。它是一种迷人的气质和个性魅力，它会让你得到别人的支持，并成为领导者。

4. 过硬的业绩

工作业绩是衡量一个人在工作中综合素质高低的砝码。突出的工作成绩最有说服力，最能让人信赖和敬佩。要想做出一番令人羡慕的业绩，就要善于决断，勇于负责；善于创新，勇于开拓；善于研究市场，勇于把握市场。唯有如此，企业的航船才能在市场经济的大海中，或"能以不变应万变"顶住风浪。当你力挽狂澜以骄人的业绩振兴企业时，你的影响力顺理成章地达到了"振臂一呼，应者云集"的地步。

5. 让人信任你

如果在办公室里你能表现得幽默活泼，善解人意，豁达开朗，让异性同事充分感受到与你共事的幸运和兴奋。那么，各种回报将随之而来——邀请你做女嘉宾，参加盛大的年会，在你遇到难题时会有人鼎力支持……原因很简单，你的亲和力让他们觉得你是一个值得信任的好女孩。

其实，命运往往把握在自己手中，只要用心努力了，就一定会有回报。面对晋升的不公平，女孩要善于为自己创造条件，勇于为自己争取机会，充分发展女性的优势，弥补自己的不足，为自己的晋升扫除重重障碍。

女性自身的优势，再加上出色的工作能力以及了解公司的企业文化，一个能为公司带来很大业绩、对公司发展做出很多贡献的女职员，老板有什么理由不升你的职呢？

发挥女性魅力，
职场更能游刃有余

　　职场中现代女性如果想游刃有余，应该善用与生俱来的女性的亲和力和同事和平相处。并在和谐的气氛中，凭着本身的实力和才干，再用女性的魅力包装自己，凭借实干和努力，必能求得出人头地的机会。虽然并非每一个女人都是美女或性感女神，但可以肯定的是，每一个女人都具有天生的女性魅力，只要你刻意发挥它，就能让异性被你吸引，也能让同性对你表示友善。

　　女性的魅力是什么？甜美的笑容、得体的装扮、娇嫩的嗓音、温柔的气质……女人一向被教导要做个"魅力的女人"，魅力是一种优雅的风格，能让女人在追求事业的时候获益颇多。

　　只要有魅力，即使不是美女，依然有着动人的地方。

　　1. 合适又性感的穿着

　　你的工作表现很好，但是，上司只注意你的男同事，一点都不注意你，而上司的上司对你一点印象都没有。请问，你表现给谁看呀？什么时候才能轮到你升级加薪呢？

　　你要大展身手，也得争取上司的支持，以及上司的上司注意你，对你的事业发展才有利。如果你的上司、上司的上司都是男性，要吸引她们的注意力，除了具备专业知识和工作能力之外，合适又性感的穿着，绝对是引人注目的法宝。一件能充分显示线条美的裙子，或是略显性感的短裙套装，加上摇曳生姿的高跟鞋，浓淡适宜的化妆，既有女人味，又不失端庄。不过，切记！你的目的是要你的上司、你的男同事、你的客户欣赏你的穿着品味，喜欢你，并认真看待你的工作能力，而不是要他们把你当作性感尤物。一旦你的外表、你的穿着打扮给人深刻而良好的印象，那么，伴随而来的也许是接连不断的好运。

2. 建立异性友谊

女性管理者应该坚信，让男同事注意你，甚至喜欢你，绝对好处多多。当他们喜欢上你时，你在工作上的各种困难，自然就会因为有人帮忙而获得解决。不过，可不是要你没事就和男人打情骂俏，而是要你保持幽默感，脸上时时带着笑容，让男同事了解你，欣赏你的魅力。

要获得男同事的友谊，方法之一是挑对方有兴趣，而你又有所认识的话题。例如，欧洲杯足球赛的赛情如何、汽车展销会的新型汽车有哪些、哪家酒廊的情调最好……程式设计师美美说："我必须和一群男同事一起工作。我发现，当我趁工作较轻松的时刻，和男同事聊些私人话题，他们都显得兴味盎然。和男士们成为谈得来的工作伙伴之后，自己的工作遇到难题时，很自然就能够得到援助，工作变得轻松多了。"

另一个和男士建立友谊的方法是，和他们保持礼貌性地肢体接触，比如在适当的时机，偶尔拍拍他的肩膀，表示支持和鼓励。

3. 温柔幽默的话语

女人娇媚和温柔的特质，在面对冲突时是最好的润滑剂。当你和办公室的男同事意见不一致时，先别急得脸红脖子粗，应该保持风度，因为一般男人都是吃软不吃硬的，你要保持甜甜的笑和温柔的话。当你摆出愿意妥协的姿态时，他往往会先软化，妥协得比你更彻底。

此外，女人应培养幽默感，因为在适当时机加入适度的幽默，不但可化解僵局，也可以消除双方的紧张和压力。尤其在职场上，男人免不了说些"男性笑话"和政治、时事、两性有关的笑话，如果女人也能在不失矜持的情况下运用，是在紧张的谈判中制胜的重要因素。

4. 适时的赞美鼓励

男人喜欢被女人赞美和崇拜，你也别辜负女人善于甜言蜜语的才能。当你觉得某位男同事表现突出时，大方地说出你对他的钦慕，例如，"哇！你真行！""你怎么办到的？""令人难以置信！"之类的赞美。这样的语气，能给对方极大的激励和勇气，也容易突破对方的防线，赢得对方的友谊。千万别吝啬赞美，男人的自尊在女人的恭维后，将变得更具信心，更勇于付出。你对他们评价越高，他们表现得越好，对你提供的帮助也就越大。

向男同事讨教，也是提高男性尊严的好方法。男人绝对乐于为你解决任何问题。男人好强，喜欢扮演照顾人的角色，当你征询他们的意见时，他们觉得被需要、被敬重，也就乐于提供各种意见，而他们的建议常常真的管用。

5. 控制自己的情绪

在一个以男性为中心的职场上，女人要建立个人的工作风格，既不太男性化——冷酷、倔强、果断、积极进取，也不太女性化——柔弱、情绪化、被动、犹豫不决，并非一件容易的事。

许多男人对职业女性的看法是，她们不懂得控制自己的眼泪和情绪。女人过于直接地表达情感，会使男人感到不舒服，并会瞧不起她们，认为女人无法自我控制，所做的决定不值得信任。虽然你有表达自己情感的权力，在你想哭的时候就放声大哭。然而，要注意的是，应在何时何地何人面前放声大哭。若能在适当的时候、适当的男性面前运用"泪弹"，含泪欲滴，嘤嘤哭诉，或许更能博取同情，从而达到自己的目的。

假如你想做一个职场中出色的女性，又不想被男人看穿你的底牌，你就该学习控制情绪和眼泪，勇敢面对失败和压力，才能赢得男人的尊敬。

得体优雅，
给你的职场加码

在我们生活中往往有这样的例子：有很多女企业家说，她在企业里顶天立地，一声令下大伙都佩服。但是当她真正要出席重要场合的时候，就会在头一天晚上准备很长很长时间，家里的每个角落都堆满了衣服，最后选出一身衣服，第二天穿到那个场合里，却觉得哪都不自信，恨不得把手也藏起来，脚也藏起来。我想这样的情况每个人可能都会有。大家想想，这么优秀的女人，也会那样缺乏形象自信，其他的女人怎么会不是这样呢？

如果你是一个女人，如果你是一个公司的老总，你的外表就是公司最好不过的名片了。"公司文化就是老总的文化！"如果你看起来不像一个老总，就不要困惑你的公司为什么不能够出类拔萃，就不要责备顾客不信任你们的产品。你的外表在告诉别人："我的公司不寻求卓越，我不追求品位，就像我们不在乎自己的形象一样。"

你的形象不仅关系到别人如何看你，而日也同样重要地反映了你如何看自己。如果你具有非凡的魅力，你就会更加自信，更加看重自己的价值，同时也会赢得别人更多的尊重。一个人的形象越好，就会越自信，就会更加看重自己的价值，从而工作也更加出色，得到别人敬重的程度也就越高。这一切反过来又会促使你更加注意自我形象，如此循环往复。

1990 年，美国 SPBCUM 大学管理学院的研究人员对《幸福》杂志所列100 家大公司的高级执行经理和人事主管同时做了全面的调查。调查结果表明，93% 的公司经理都认为职员的个人形象非常重要。接受调查人员的职位越高，就越强调个人形象对于获得成功的重要性。

个人形象可以影响他人对你的看法，就像每个人都会受别人形象的影响一样。林某是一位成功的白领女性，她到英国公关公司前她是一个穿着随便、不注重个人形象的女性，由于英国老板对公司职员的形象要求很严，老板自己也是一位优雅的绅士，林某从那时起开始学习如何装扮自己，如何使自己更像个职业女性，她意识到了个人形象的重要性，并开始注重塑造自己的个人形象，这使得她在公关生涯中获得极大的成功。

只有具有良好的个人形象，才会有吸引人的个人魅力，所以说，形象是一个人的品牌，要生活在自信和快乐中，就必须要重视自己的形象。由于个人形象设计常常与相关的场合相应出现，就给人一种误导，似乎个人形象就是纯粹的化装、美容、发型、服饰等外在包装。可以想象一下，如果一个人西装革履却举止粗俗，打扮入时却口吐脏话，他的个人形象怎么可能提升呢？反而更加令人反感，所以，得体的礼仪是塑造形象不可或缺的因素。

每个人都是通过外在形象来展示自己的特点的，你的衣着、言谈和举止会告诉别人你是个什么样的人，即使别人以前对你并不了解。我们通常在初次见面的几分钟内就会评价一个人的素质、背景和能力。如果你穿着保守，服饰古板传统，没有一点新意，别人怎么可能很快知道你是一个具有创造力的人呢？如果你言谈吞吐，眼神飘忽不定，别人就会更多地把你当做一个缺乏自信的人。所以你的眼神、你的说话方式、你的举止就是你最基本的信息，其他人正是通过这些信息知道你是什么样的人，或者判断你将来会成为什么样的人。一个成功的形象会让别人更多地了解你，也会令你在任何场合都会更加神采奕奕、信心非凡。

据统计，在工作失败的女性中，35% 的人是因为她们的不良形象所导致的。公认的有魅力女性的个人形象是：穿着得体、谈吐优雅、有条不紊和具有职业权威。所以装扮好你的外在形象，打造职场中得体优雅的女性形象，为自己的职场魅力加码！

[改变形象，
塑造职场完美自我]

　　以前人们穿衣服仅仅是为了防寒阻热、保护身体，而到了今天，衣服除了这一项基本功能外，最重要的是要修饰我们的外貌、展现我们的美感与气质，甚至于身份地位。一个人穿着白大褂就容易被别人当成医生，穿着法官服就又会被联想成有丰富学识高高在上的司法权威。

　　英国女王曾在给威尔士王子的信中写道："穿着显示人的外表，人们在判定人的心态，以及对这个人的观感时，通常都凭他的外表，而且常常这样判定，因为外表是看得见的，而其他则看不见，基于这一点，穿着特别重要……"其实英国女王并未言过其实。生活中，对人的印象往往以衣着和仪容作为评价标准之一。

　　在现实生活中，通常我们遇到一个人时，首先以他的外表来初步判断他的身份，如果想进一步了解这个人，就要综合地对其服饰、语气、动作等等方面认真地进行深入到内在性格的分析判断。即使你对自己的内在形象再有信心，也不能完全不在乎或忽视外在形象的作用，因为对方只能根据你的外在形象来建立起对你的初步印象及评价，而外在的形象就是"敲门砖"。而外在形象最重要的一点就是你的服饰。

　　人体表面89%的地方为衣服所遮盖，人们视觉感受到的也几乎是服装。而服装的可塑性比体形大得多。从质地、样式、色彩到装饰，最能体现人的意志，给人以各种形式的美感，因而服装往往成为人们审美的趣味中心。因此，对于女人而言，没有服饰的美丽是万万不能的。因为，再也没有比让别人记住你的衣服从而记住你更好的办法了。而要想依靠服装来为你塑造完美的形象，你在穿衣时必须了解以下几条原则：

1. 服饰美与人体美的和谐

服饰作为人形体美的一部分，它只能是受限地存在，而不是自由存在。它的美要体现在与人的关系上，体现在与人的其他部分的和谐上。这是与人的职业、身份、时代、气质、肤色、年龄等自然因素的和谐。

2. 应与体形、面貌相和谐

服装与体形的关系最要紧的是大小合身和长短相宜。如旗袍穿在身材匀称修长的淑女身上，可增强美感；而着于矮胖型的女性身上则更暴露其缺点……又如发型，瘦小的女性不宜留长发，蓬松的长发会使人显得更加单薄弱、矮小。不同脸型、容貌的人也应在服饰上加以相应的设计、装饰。

3. 应保持与年龄、季节相和谐

服饰要有年龄感。色彩明艳的服装，色彩的跳跃性较强，视野空间比较广，色彩的心理流动速度也较快，加上修饰线条较多，可以给人以热情与振奋的感觉，适应于年轻女性的性格和年龄特点。色彩柔和的服装，较适于步入中年的女性。而凝滞性色彩的服装则适合于进入不惑之年的女性穿着。以化妆为例，青年女性应少化妆，化淡妆，少装饰，尽量体现自然美。另一方面，服饰要根据季节时令的变化来选择。比如服装，冬天服装的颜色偏深，心理上觉得暖和，春秋装色彩应体现的是柔和，夏季偏浅给人以凉爽的感觉。

4. 应与性格和谐

人的性格多种多样，服饰的美，可以给人以美的享受，尤其当服饰十分贴切地体现了人的性格时，更会加深这种美感的程度。反之，服饰如果成为一种强加物，与性格反差甚大，就会破坏人的美。因此，在服饰上，每个人都有自己的个性特色，如性格开朗、热情好动的人，服装的色彩以鲜艳、对比度较强为宜，其装饰线条或图案尽可能明朗一些……

5. 应与地点场合相和谐

特定的环境应配以与之相适应、相协调的服饰，以获得视觉与心理上的和谐美感。在静诺肃穆的办公室里着一套随意性极强的休闲装，穿一双拖鞋，或者在绿草如茵的运动场穿着极具古典美的旗袍，穿一双高跟鞋，都会因环境的特点与服饰的特性不协调而显得人境两不宜。

形象可以使一个人美名远扬，也足以让一个人臭名昭著。形象是可以改变的，关键是看你怎样去把握。当然每个人都希望把自己变得更完美，所以只要你努力就可以恰当地改变自己的形象，塑造一个职场中全新的自我。

行为有度，提升你的职场修养

　　拥有美丽的外表仅仅是为我们的职场形象所做的"表面功夫"，虽然它非常重要，但是我们仍然认为社交场合对一个人行为举止的要求更胜于对外表服饰的要求。没有良好举止的人决不会是有魅力的。

　　一个行为有度的人，会让别人觉得舒服；而一个谈吐不俗的人，更会让他人如沐春风。这些良好的感觉不是建立在一个人的着装如何名贵华丽上的，它完全源自于你待人接物的态度。

　　如果一个人只能做到金玉其外却胸无点墨又举止粗鲁，那就只是个绣花枕头。这样的人也许可以给人留下一个美好的第一印象，但却无法将这种好印象持续下去，甚至可能在开口的一瞬间就将它破坏殆尽。一个人如果有很好的外在形象，又举止文雅，言行得体，这样才能赢得每个人的赞许。

　　在人际交往中，根据交往的深浅程度，对将人的形象分为三个层次：即对于那些只知其名未曾见面的人来说，一个人的形象主要与他的名字相关；对于初次相见只有一面之交的人来说，他的形象主要和他的相貌、仪表、风度举止相关；对于那些相知相交很深的人来说，他的形象更多的是与他的品行、文化、才能有关。可见，第一印象是由人的相貌、仪表、风度举止等综合因素形成的。因此，留给别人良好的第一印象，是成功的前奏，因为交往的第一印象具有"首因效应"，并会形成较强的心理定式，对以后的信息产生指导作用。

　　作为一个职场女性，对"第一印象"应予以高度重视，要充分利用"首因效应"，不仅仅懂得依靠漂亮的五官、健美的身段及得体的服饰等这些表象的东西，更要会以优雅的举止、熟练的礼仪作为手段，对自身的形象精心设计，展示自己充满魅力的女性风采。因为只有二者的结合才使人更有教养和风度。

假如一个女人天生丽质、貌若天仙，如果她整日浓妆艳抹，全身名贵饰品，充其量人们只会承认她阔绰，而决不会称道她的"品味"，而一个女人如果讲究礼貌、仪表整洁、尊老敬贤、助人为乐等，如果她的一言一行与礼仪规范相吻合，人们定会对他的教养与风度所称道。

古语曰：礼者，敬人也。敬人者，人恒敬之。尊敬他人是获得他人好感并进而友好相处的重要条件。反之，自高自大，忽略他人的存在，那就很难得到他人的配合，而且是一种不懂礼貌的表现。比如与人初次相见，对方递上名片，你连看都不看一眼，就往包里随便一放，对方肯定内心不悦。如果此人是想为你效力而来，这时肯定会想，这种人值得自己付出吗？如果你用双手将名片接过，用不少于30秒钟的时间从头到后地看一遍，并客气地向对方道一声"谢谢"，对方内心肯定会有一种被人重视的优越感，从而营造一个良好的氛围，为话题的深入与事情的进展打下一个好的基础。

礼仪是一门行为科学，良好的行为习惯是二十一次的重复。思想改变行为，行为改变习惯，习惯改变素质，素质改变命运。如果说，个人礼仪的形成和培养需要靠多方的努力才能实现的话，那么个人礼仪修养的提高则关键在于自己。

优雅的形体语言，更获职场好感

良好优雅的举止仪态是女人有教养，充满自信的一种体现；也可以使女人博得大家的好感，会使女人显得更美丽动人。善于用形体语言与别人交流会使女人受益匪浅。良好的举止仪态体现在女人的基本体姿和形体语言。

女人的基本体姿可分为站姿、走姿、坐姿和卧姿四大类。通常呈现在公众面前的是坐、站、走三类。在这三大类的基础上，还可以衍生出其他许多具体不同的体姿和仪态。

女人不仅应当养成良好的体姿、仪态，给公众以良好的体态视觉，而且，应善于从他人的各种具体的体姿、仪态中了解他人的真实思想轨迹。

1. 坐姿

动态的美能扣人心弦，静态的美也能令人心动。坐姿文雅，坐得端庄，不仅给人以沉着、稳重、冷静的感觉，而且也是展现自己气质与风范的重要形式。女人良好的坐姿应当是：

（1）人体重心垂直向下，腰部挺直，上身正直。

（2）双膝应并拢或微微分开，并视情况向一侧倾斜；入座后，双脚必须靠拢，脚跟也靠紧。

（3）双脚并齐，手自然放在双膝上或椅子扶手上。

（4）款款走到座位前。如果是从椅子后面靠近椅子，应从椅子左边走到座位前。

（5）背向椅子，右脚稍向后撤，使腿肚贴到椅子边；上体正直，轻稳坐下。入座时，应清理一下裙边，将裙子后片向前拢一下，坐稳后身子一般只占座位的2/3，两膝两脚都要并拢，以显得端庄娴雅。

（6）入座后，女人一般不要架腿。

在公关社交场合，女人可以尽情展现自己的风韵与魅力，但魅力与风韵需要女人得体地表现自己的仪态举止才能获得。例如，在社交场合，女人应让男人走在车道一侧为宜；当走在狭窄的过道处或人多拥挤的地方，女人应主动请男士作先导，以便让他们表现绅士风度；乘汽车时，女人应先将臀部入座后，再轻盈旋转90度，朝向正面，整理裙子，向里移动；而当要过旋转门时，女人应让男人先入，自己从后一格跟进。当女人携重物时，可礼貌请随行男士代劳，当男人主动提出帮忙时，不可执意不让，因为这样多半会伤害男人的自尊心。

2. 站姿

一位在公关场合中受欢迎的女人，最重要的是要具备正确的站立姿态。因为站姿是我们日常生活中正式或非正式场合中第一个引人注视的姿势。优美、典雅的站姿是气质美的起点和基础。良好的站姿能衬托出女人美好的气质和风度，站姿的基本要点是挺直、均衡、灵活。

女人良好的站姿应当是以下各方面体姿的综合表现：

（1）平肩，直颈，下颌微向后收；两眼平视，面带微笑。

（2）直立，挺胸，收腹，略为收臀。

（3）两臂自然下垂，手指自然弯曲；两手亦可在体前交叉，一般是右手放在左手上。肘部应略向外张。

（4）两腿要直，膝盖放松，大腿稍收紧上提；身体重心落于前脚掌。

（5）上体保持标准站姿。

（6）双脚分开，与肩同宽。脚应成"V"型，膝和脚后跟应靠紧，身体重心应尽量提高。

（7）站累时，脚可向后撤半步，但上体仍须保持正直。

（8）将左脚收回，与右脚成垂直，左脚跟在右脚跟前面，两脚间有少许空间。

（9）右脚向后撤半步。

（10）身体重心交给右脚。

3.行姿

行姿是站姿的延续动作，是在站姿的基础上展示女人的动态美的极好手段。无论是在日常生活中，还是在公共场合中，走路都是"有目共睹"的肢体语言，往往最能表现女人的风度、风采和韵味，有良好行姿的女人，会更显青春活力。优美的行姿会使身体各部分都散发出迷人的魅力。女人走路的基本要点是从容、平稳、直线。

（1）步伐稳健，步履自然；要有节奏感。女人穿裙子时，裙子的下摆与脚的动作应力求表现出韵律感。

（2）身体重心稍稍向前。

（3）上体正直，抬头，下巴与地面平行，两眼平视前方。

（4）两手前后自然协调摆动，手臂与身体的夹角一般在10度至15度。

（5）跨步均匀，两脚之间相距约一只脚到一只半脚。

（6）迈步时，脚尖可微微分开，但脚尖脚跟应与前进方向近乎一条直线，避免"外八字"或"内八字"迈步。

（7）走路要用腰力，因此，腰要适当收紧。多人一起行走时，不要排成横队，不要勾肩搭背。遇急事可加快步伐，但不可慌张奔跑。

（8）上下楼梯，上体要直，脚步要轻，要平稳；一般不要手扶栏杆。

（9）从车内出来，应该先打开车门，把脚以45度角从车门伸出，稳稳地踏住之后，再逐渐把身体的重心移上去。这样做既稳重得体，又让人产生无限遐想。

千万不要一打开车门就先探出头来，那样子好像是被司机扔出来一样。

4. 手势

手是传情达意的重要手段和工具。因此手势礼仪不可不知。

女人要善于根据现代体态语言学的研究成果，判读他人手势语的真实含义，然后决定自己如何去施礼或受礼。如果对方双手自然摊开，表明对方心情轻松，坦诚而无顾忌；如果对方紧攥双拳，说明对方怒不可遏或准备决战到底；如果对方以手支头，表明对方要么对您的话全神贯注，要么十分厌烦；如果对方迅速用手捂在嘴前，显然他是觉得吃惊；对方用手成"八"字形托住下颏，是沉思与深算的表现；对方用手挠后脑，抓耳垂，表明对方有些羞涩或不知所措；手无目的地乱动；说明对方很紧张，情绪难控，如果不自觉地摸嘴巴、擦眼睛，对方十有八九没说实话；对方双手相搓，如果不是天冷，就是在表达一种期待；对方咬手指或指甲，如果他不是幼儿，那他在心理上也一定很不成熟，涉世不深；双手指尖相对，支于胸前或下巴，是自信的表现；对方与您说话时，双手插于口袋，则显示出没把您放在眼里或不信任。

女人自己在使用手势语时，有些地方是值得特别注意的。例如当需要伸出手为他人指示方向时，切忌伸直一根指头，这是一种没教养的典型表现；一定要将五指自然伸直、掌心向上指示方向，在社交场合，更不要用手指指点点地与他人说话，因为这不仅是对他人的不礼貌，而且简直就是对对方的轻视和瞧不起。又比如，打响指是一些人在兴奋时的习惯动作，对于女人来说，如有这种习惯也最好改掉。有人碰到熟人或招呼服务员时，常常用打响指来表示，这常常会引起对方的反感，甚至厌恶，这不仅是对对方的不尊重，也表明了自己不大严肃。

女人都应在实践中认真观察、总结。这样，一方面可以使自己在社交场合中准确了解、理解对方，另一方面，也可以使自己真正得体有效地根据需要进行展现。

5. 形体礼仪

全世界的人都借助示意动作，有效地进行交流。最普遍的示意动作，是从相互问候致意开始的。女人应该得体的运用示意动作以及了解别人的示意动作。特别是遇到无声的交流时，女人应该更加注意观察，避免误解。

（1）目光

分为公事活动和社交活动两种情况：在公事活动中，女人要用眼睛看着对话者脸上的三角部分，这个三角以双眼为底线，上顶角到前额。洽谈业务时，如果看着对方的这个部位，会显得很严肃认真，别人会感到您有诚意。在交谈过程中，您的目光如果是落在这个三角部位，您就会把握谈话的主动权和控制权。在社交活动中，也是用眼睛看着对方的三角部位，这个三角是以两眼为上线，嘴为下顶角，也就是双眼和嘴之间，当您看着对方这个部位时，会营造出一种社交气氛。这种凝视主要用于茶话会、舞会及各种类型的友谊聚会。

（2）微笑

女人的微笑可以表现出温馨、亲切的表情，能有效地缩短双方的距离，给对方留下美好的心理感受，从而形成融洽的交往氛围，可以反映本人高超的修养，待人的真诚。微笑有一种魅力，它可以使强硬者变得温柔，使困难变得容易。微笑是人际交往中的润滑剂，是广交朋友、化解矛盾的有效手段。女人的微笑要发自内心，不要假装。

就拿当代新加坡人为例，他们极重视"礼貌之道重于行"的准则。他们的礼貌口号是"真诚微笑"。日常生活中，人们处世待物，总是伴以真诚的笑容。因故对他人有所干扰时，当事人总要赔笑致意："对不起，打扰您了！"即使交通警察对违章行人罚款时，也要微笑着执法。城乡街头的宣传画或其他宣传性手册上，印有笑脸图像或礼貌的口号；宣传礼貌的用具、奖品及广告商标，以笑容图像为标志。新加坡人的生活信条是："真诚微笑，处世之道"，"人人讲礼貌，生活更美好"。

因此，女人在交际时要运用好这几种微笑：

①自信的微笑：这种微笑充满自信和力量，女人在遇到困难或危险时，若能待以微笑，积极乐观，一定能在最短时间内渡过难关。

②礼貌的微笑：这种微笑如春风化雨，滋润人的心田。一个懂得礼貌的女人，会将微笑当做礼物，慷慨地赠予他人。

③真诚的微笑：表现对他人的尊重、理解、同情。

女人不论从事什么行业，都应该学会微笑的艺术，因为微笑服务可以获得客户的信任与理解，从而在业务上获得成功；用微笑来应急，无言地表达了一种容忍与理解，让对方心里感到放松和温暖；用微笑来拒绝一些无聊、不近人情的或难以回答的问题，同样让对方感到一种威慑力量。

6. 常见的不良举止

女人要提高礼仪修养，首先应该克服不良举止，以下的一些举止正是有些女人在不经意间流露出来的，但是却带来了很不好的影响。作为一个优雅的女人尤其要注意。

（1）随便吐痰

吐痰是最容易直接传播细菌的途径，女人随地吐痰是非常没有礼貌而且绝对是影响环境、影响身体健康的。如果你要吐痰，把痰吐在纸巾上，丢进垃圾箱，或去洗手间吐痰，但不要忘了清理痰迹和洗手。

（2）随手扔垃圾

随手扔垃圾是应当受到谴责的最不文明的举止之一。

（3）当众嚼口香糖

有些女人必须嚼口香糖以保持口腔卫生，那么，女人应当注意在别人面前的形象。咀嚼的时候闭上嘴，不能发出声音。并把嚼过的口香糖用纸包起来，扔到垃圾箱。

（4）当众挖鼻孔或掏耳朵

有些女人，习惯用小指、钥匙、牙签、发夹等当众挖鼻孔或者掏耳朵，这是一种很不好的习惯。尤其是在餐厅或茶坊，别人正在进餐或饮茶，这种不雅的小动作往往令旁观者感到非常恶心。这是很不雅的举动。

（5）当众挠头皮

有些头皮屑多的女人，往往在公众场合忍不住头皮发痒而挠起头皮来，顿时皮屑飞扬四散，令旁人大感不快。特别是在那种庄重的场合，这样是很难得到别人的谅解的。

（6）在公共场合抖腿

有些女人坐着时会有意无意地双腿颤动不停，或者让跷起的腿像钟摆似地来回晃动，而且自我感觉良好以为无伤大雅。其实这会令人觉得很不舒服。这不是文明的表现，也不是优雅的行为。

（7）当众打哈欠

在交际场合，打哈欠给对方的感觉是：您对他不感兴趣，表现出很不耐烦了。因此，如果您控制不住要打哈欠，一定要马上用手盖住您的嘴，跟着说声："对不起"。

[高雅的气质，
为你的职场锦上添花]

我们的长相，是先天决定的无法改变，但是个人的气质与修养是可以后天造就的。在职场中我们要看到自己的优点，打造自己独特的气质与魅力。

漂亮女人，高雅的气质能让她锦上添花；对于不是那么漂亮的女人，高雅的气质同样会使她光彩照人。女人的漂亮往往流于表面，而气质却渗透整个身心，并会永驻于他人的印象之中。

相对漂亮而言，气质是经后天培养、维护而获得。太年轻的女人不能给人以足够的信任感，而太炫目的女人又容易遭到同类的嫉妒。唯有气质女人，才可充当各种场合都合适的角色。

做个有气质的成功女人是每个女人都渴望的，要想拥有迷人的气质，应从以下几个方面做起：

1. 品德的修炼和情操的陶冶

一个没有道德感或者品德低下庸俗的人是不受欢迎的。与此紧密相关的是文化修养的问题，这不是简单的多看几本书、或是多学的一些知识。我们所说的文化素养包括：广博的知识、深刻的理解能力、良好的审美观、丰富的联想力等等。达到这个目标的方法只有一个，就是不断地学习。学习的途径不只是多看书，还要多参加各种社交活动、文娱活动，多接触人，多交谈。从社交中获得知识也是一个很重要、很有益的途径。

2. 使自己说话的声音动听

女人的声音以轻柔、圆滑为美，像一曲动听的音乐，给人以无限的憧憬、幻想、回忆。有些人可能会说，声音是天生的，我天生的声音就不好听，这怎么做得到？话虽这么说，但是我们可以改变自己，注意自己说话的语调和语速，语调抑扬顿挫，语速适中如溪水潺潺流来，这也同样能给人留下美感。

3. 不要惧怕显露真实情绪

不论什么样的喜怒哀乐、柔情蜜意，都不应加以隐藏。一个经常压抑、掩藏情绪的女子，会被视为冷漠无情，没有人会喜欢和一座冰山交往。

4. 不要斤斤计较

女人在交往中，要心胸开朗，豁然大度，千万别小心眼、小家子气。不要为一点点小事就大动肝火，斤斤计较，甚至在许多场合弄得大家都非常难堪而下不了台，这样会令人讨厌的。

5. 不卖弄聪明

每个人都有自己的自尊心，都有引以为豪的地方。卖弄是缺少教养的表现。当然，女人一般考虑问题都比男人周到而细致，在那种马大哈的男人面前，适当显示你的周到与细致，他是会非常看重你的。千万不要以为这是耍小聪明，这是女人心思细腻的表现。

6. 不要自视清高

在社交中，不能因为别人与自己脾气不同，身份有异，就显示出不耐烦或瞧不起别人的样子，当然也不要因自己的职务、地位不如人家，或长相一般、服饰不佳而过分谦卑，要落落大方、不卑不亢。

7. 不要忽视仪表

世界上没有丑陋的女人，只有懒惰的不会打扮自己的女人。三分人才，七分打扮。从这些话中，我们可以看出打扮的重要性。女人的打扮不仅仅是为自己心爱的人，也有社会性目的。在生活中，一个爱打扮的女人比一个不爱打扮的女人更受别人的关注，特别是来自男人的关注。工作上更能得到同事和上司的认可，生活上能得到更多人的喜爱。男人都是视觉动物，都喜欢为女人的美貌而倾倒和叹服。

有气质的女人不矫揉造作，她们自信，还有一点小女人的味道；成熟，还保持着清纯；书卷气，但不刻板；衣着得体、大方又不失妩媚；有情趣，有内涵，具有欣赏价值。

一个有气质的女人，需要内涵、修养与智慧共存。所以我们要不断丰富自己的内涵和修养，提高自己的智慧，培养高雅气质，保持自己的善良和温柔，那么我们将会焕发出迷人的风采，成为一个职场中魅力十足的女人。

尊重自己，才能赢得他人的尊重

人贵自重，如果自己都不尊重自己，别人当然更不会尊重你。在职场中，女性也要自重才有魅力，才能赢得别人的尊重和社会的尊重。以下是几条关于自重的几条原则：

1. 不要干你非常不愿干或者不必由你承担的工作。一般来说，你之所以干着仆人的活儿，就因为你让人觉得你将会干这些活儿，而且毫无怨言。

2. 自己不看轻自己，别人就不敢轻视你。比如别在人前对自己下这样的评语：我没什么了不起，我并不精明；我从不明白法律上的问题。这些说法，实际上是在准许别人看不起你，甚至利用你。

3. 让别人知道，你有权拥有自己的时间。

4. 你自己的行为正是别人应该怎样对待你的样板。如果你把它作为生活原则，那么你也就能维护自己的尊严和独立的人格。

有一些女性生下来就属于"重点班"，她们漂亮甜美，讨人喜欢，在大家的赞美声中成长。但是，她们很有可能被周围的人们给宠坏了，在喧嚣人海中，很容易被污染；她们风姿绰约，明眸如水，每一个观看她们的男人都会得到那种永恒的眼波。因此，她们最容易被归类为"大众情人"。闹哄哄你方唱罢我登场，走马灯似的奔波忙碌。她们给人们带来了一时的感官刺激，但很少有人去敬重她们，她们的新闻往往也只是大家街头巷尾、茶余饭后的谈资而已。浮躁喧嚣过后，她们连平淡的真实生活都难以得到：她们已经让聚光灯给异化了，不知道真正的生活应该是什么样。

另一些女性起初在人生的"普通班"，被淹没在熙熙攘攘的人群之中，仿佛碌碌无为，默默无闻。但一切是可以改变的。热爱生命、热爱生活的女孩们自珍自重，努力进取，她们没有浮躁的心态，没有自暴自弃。这些女性是一种真实的存在，她们在平凡中孕育着生活的精彩内容。她们不事张扬，踏踏实实做人，认认真真做事，珍惜着自己普通的一切，工作上勤恳敬业，家庭中温柔体贴，邻里之间礼让宽容，她们尊重自己，也尊重别人，同样，她们也得到了别人的尊重。

自己把自己不当回事，别人更瞧不起你，生命的价值首先取决于你自己的态度，珍惜独一无二的你自己，珍惜这短暂的几十年光阴，然后再去不断充实、发掘自己，最后世界才会认同你的价值。尊重生命的过程与价值，是自重的最高境界。

满怀自信，
职场前途更光明

"自信是事业成功的保障。"只要我们自己相信自己，相信自己一定会成功，那么很多问题都不是问题，都有可能迎刃而解。

什么是自信？自信就是相信自己的智慧，相信自己的才干，相信只要自己努力，就一定能够做好。

要想成功，首先就要做一个满怀自信的女人。自信的女人，家庭、事业、交际，都可以一帆风顺，偶尔出现的挫折打击，总能被她们轻巧化去，举手投足间，便可使事情朝着她们所希望的有利方向转变。

自信的女人，不等于女强人。女强人的雷厉风行、不可一世总使人敬而远之。而自信的女人却没有这样的特点，她们也许刚强，也许柔弱，也许中性，可是都使人易于接近、乐于接近。刚强的她们，会表现出豪爽的一面，以一份坦诚和爽朗使你心悦诚服；柔弱的她们，总容易使人们对她心生怜爱，继而心甘情愿替她做事；中性的她们，长袖善舞，不管男人女人都对她欣赏佩服，那就更是源于充满自信的洒脱了。

自信的女人在事业上挥洒自如，使上级下级同事对手都心悦诚服地佩服她的工作能力。在工作上，她们举重若轻，急大局之所急，办事稳妥细致，拥有自信女人的企业，也就拥有了一个光明的前途。

有一位年轻的女记者在跻身于记者行列之前，只不过是一个极其普通的农家女青年，她高考落榜后，不甘消沉，勤奋苦学，来到一家大报社毛遂自荐要当一名记者，不要一分钱工资，靠写稿维持生计。几年下来，她成了一位颇有名气的记者。

阻碍女人在社会上成功的，往往是存在于女人心理上的障碍，最重要的一点就是她们缺乏自信。一位女人上网时，表明自己是女人，她讲话的时间如果超过20%，男人使用者就觉得她说话太多了。但如果她以"男人身份"上网，她则能更自在地发言。由于网络是一个匿名环境，有些女人选择使用男人身份，以便"大声说话"。这或许也是不必冒险，就能练习自信发言的好办法。经常上网的女人，也会较常问问题，她们更有自信，也不畏惧发言。

自信源自肯定。生活中没有完美的人，我们只是在不断追求完美，所以，不要再为腰围、青春痘或是单眼皮而伤脑筋了，整体形象比任何局部都重要。发现自己的闪光点。每个人都有过人之处，在仪表上千万别"以己之短度人之长"，只要扬长避短就能塑造美好形象。闪光点可以是优雅的气质、"来电"的目光，可以是高挑的个头、匀称的身材，可以是漂亮的皮肤、大大的眼睛、性感的嘴唇、小巧的鼻子……如果你认为自己从上到下一无是处，有问题的一定不是创造你的上帝而是你自己。

女人的自信与年龄无关。真正自信的女人不会由于年龄而自卑，不会由于又增加了一道皱纹而烦恼。年轻貌美的女孩诚然让人羡慕，可岁月不会饶过哪一个女人，再美的女人也会走向衰老，也会有老态龙钟的时候。我见过不少富有魅力的老年女性，尽管她们的容颜早已不再年轻，可她们都在积极地生活，凭自己的努力度过充实的每一天。自信让她们不失稳重、端庄的风韵。就算是到了风烛残年，假如你不自暴自弃，你依然会有光彩耀人的余热。你丰富的人生阅历与智慧，依然是你自豪的资本。自信的女人是最有魅力的，这种魅力会深深吸引她身边的每一个人。自信的女人绝对不会自寻烦恼地猜疑自己的丈夫，做出限制他自由的蠢事。她坚信自己是完美的，极富亲和力的。因此，自信的女人是轻松快乐的，是幸福的。

在大多数人看来，女人的自信应该是来源于年轻美貌，来源于事业有成。然而，任何女人无法一生都年轻貌美，女人的自信只能依凭于事业有成。而在男性强手林立的职场上，真正能够脱颖而出的女强人又有多少？假如有幸嫁了一个出色能干的丈夫，还可以做一回月亮，借助太阳的光焰炫耀自己，可出色的男人又在哪里？因此，女人显然出类拔萃者少，平凡普通者众。眼看着孩子长大成人，工作中的新人后来居上，自己不再被需要、被关注，一种失落感油然生发。人到中年，想再重新打鼓开张，开创事业谈何容易，太多的失败令她们丧失自信，太多的失望令她们备感自卑。

自卑是女人健康和美丽的最大敌人。长期生活在羡慕嫉妒他人的情绪中，会严重破坏自己的心理平衡。没有自信的女人心情黯淡、情绪低落、脸色枯萎，甚至疑神疑鬼，挣扎在猜疑病症的剧烈痛苦之中。自卑是生命低潮、处世消极的表现，也为各种疾病入侵敞开了方便之门。相反，自信的女人犹如一座戒备森严的城池，内心坚定，不轻易受到外界干扰；情绪平和稳定，百病自除。

其实，年轻美貌、事业有成从来就不是女性自信心的唯一来源。人的自信也并非都建立在外在的物质基础上。家庭和美、身体健康、心情舒畅、朋友众多等等，都是自信心不断增强的重要因素。正如养花种草，自信也需要经营与培植，是一个长期而需要耐心的过程。为何不及时调整人生目标，以一些容易取得的小小成功来培植自信心？例如，作为家长帮助孩子提高学习成绩；作为业余爱好在报纸上发表了一篇豆腐块的文章；作为医生护士得到病人家属的真诚夸奖；作为教师得到学生的敬重……甚至买了一件物美价廉的衣服，在股市上小赢了一笔，做出一顿味道可口的饭菜，都能成为我们自信的理由。这些小小的光亮正如夜幕上钻石般闪亮的星星，带来希望与憧憬。

从根本上来说，真正的自信来源于相信自己，对自己的成就以及生活状态的满意；可是短时间内，很难达到这样的圆满状态。不过，只要每一天给自己增加一点自信，最终会让你成为自信的女人。

[用微笑，
收获职场的快乐]

有一位叫兰兰的小姐去参加一所航空公司举行的招聘会，可是她既没有关系，也没有先去打点，完全是凭着自己的本领去应聘。结果是她被录用了，你知道原因是什么吗？那就是因为兰兰小姐脸上总带着微笑。

令兰兰惊讶的是，面试的时候，主试者在讲话时总是故意把身体转过去背着她，你不要误会这位主试者不懂礼貌，而是他在体会兰兰的微笑，感觉兰兰的微笑，因为珍妮的工作是通过电话工作的，是有关预约、取消、更换或确定飞航班次的事情。

那位主试者微笑着对兰兰说："小姐，你被录取了，你最大的资本是你脸上的微笑，你要在将来的工作中充分运用它，让每一位顾客都能从电话中体会到你的微笑。"

真心的微笑会让一个女性魅力大增，即使是一个谈不上美丽的女性，微笑也能让她魅力四射，请用微笑来增加你的魅力。

1. 让你的微笑更加动人

一般来说，每一个人的笑容都是有特点的。每个人都可以根据自己的笑容特点来改变和调整表情。

你可以经常照一照镜子，观察一下自己微笑时的神态。看一看几个关键部位，包括眼角是否下垂，口型是否好看，嘴唇是半张开着好还是抿合着好，牙齿露出来多少适度，然后定格出几种讨人喜欢的笑容，经常对着镜子练习一下，就会收到理想的效果。

有一种叫"快乐脸"的图案，底色为黄，眼睛嘴巴是由黑色的点和线描绘出来的，看上去很简单。看过这种图案，常常令人心情开朗、精神愉快。这种图案的口型是：口的两端向上，表情亲切。而口角两端下垂时，看起来就显得很呆板和严肃。

当口角两端平均向上翘起，显露出的如"快乐脸"那般的笑容是最动人的。如果你感觉自己微笑的时候，口角并非如同快乐脸谱那样，这时就应该用心刻苦训练才行。

如果你只是拉动口角的一端微笑，那么就使人感觉虚伪，而吸着鼻子冷笑，更会令人感觉厌恶，这样的脸谱一定不会给人留下好印象。

照一照镜吧，看看自己的微笑够不够动人。

2. 展露你真心的笑容

不知你留意过没有，那些喜欢用手遮住嘴笑的女性，究竟可爱不可爱？有些女性，在笑的时候常常用手掩住嘴，似乎怕别人看到咧开的大嘴，或是不美观的牙齿。殊不知，此时的形象让人感到你的小气。

即使笑容不美丽，你也要抛开杂乱的想法，露出大方坦诚的笑容。这样，你一定能够吸引对方的心，给人留下开朗愉快的好印象。

真心的笑容是最美丽的。当你被快乐、感激和幸福包围着时，流露出的笑容是自然的，而当心中有温和、体贴、慈爱等感情时，眼睛就会露出微笑，给人以诚心诚意的感觉。这样的笑容和这样美好的心境一定能够增强你女性的魅力。

3. 笑要收放自如

笑也是要讲究技巧的，有节制的笑更能表现你的魅力。有的女性很爱笑，给人留下了美好的印象；有的人却笑得一发不可收拾，搞得别人莫名其妙。笑的时间太长了，别人可能会心存疑问：你干嘛总是笑？是笑我形象不对劲？讲的话有问题？

再不就是你本身有毛病？精神不正常？如此一来，反倒使你的形象大打折扣。

在聚餐或其他公共场合，如果有人讲笑话，作为女性的你要适宜地露出笑容，但要笑得既不张狂也不做作，而且要表现出倾听的热情。当然，你有时也会听到对方过于直接的指责或不中听的话题，这时聪明机智的你不妨试用微笑改变一下气氛，从而为你的办事过程营造轻松愉快的气氛。在职场中懂得运用动人的微笑那么就能收获一个职场的"快乐脸"！

完美女人的职场修成，谨记十项秘诀

女性想在事业上取得成功，有三个要素：一是要具备相当扎实的专业知识，并且坚信自己有能力胜任本职工作；二是要懂得合理安排和利用时间；三是要善于控制和调整自己的情绪。如果这样说有些笼统的话，纽约的一位女经理卡斯贝林向女同胞们推荐了"十项秘诀"，这是她实现事业成功的宝贵经验之谈。这"十项秘诀"是：

1. 要有条理、有秩序地安排工作，召开会议前要做充分准备。发言时要采用通俗易懂的言辞，简明扼要地进行讲述。说话要大胆，干脆利落，不可吞吞吐吐，另外要注意不要让别人打断你的话。

2. 不能过多地以打手势来阐明你所表达的意思。

3. 不用装做对自己的下属都一样喜欢，要懂得"看事不看人"。要将精力集中到本公司要做的业务上，不可将精力分散到雇员们之间的关系或他们的家庭私事上面去。

4. 不必装做"万事通"，勇于不耻下问。如此，有利于强化你的威信，使人觉得你和蔼可亲。因为大家都知道，你并不是一个无可挑剔的女人。

5. 工作中与人交谈要有幽默感，如此有利于缓解紧张气氛。

6. 别谈太多自己的私生活，防止产生误解。不可听信谣言，更不要捕风捉影，要不然就会影响公司内的人际关系，从而严重危害公司的业务。

7. 同男人交往时，既要讲究女子的大方，也要把握好分寸，不能给人造成卖弄风情和举止轻浮的印象。

8. 对于你的下级人员的工作表现，要尽力做出客观评价。

9. 不要完全抹杀你跟下级之间的距离；你对男雇员的风度表达出应有的反应，并非羞耻的事情。

10. 要讲究自己的服装和仪表，衣着应高雅大方，工作岗位上不可穿过分袒肩露胸的衣服，更不可模仿男子的打扮。美国的一项社会调查还显示，商界妇女一定要具备女性的特殊魅力，一位注意适合自己身材、肤色打扮的女主管，更有可能得到公司男经理们的信任。站在男子的角度看，穿女装套服，留短头发，佩戴必要的首饰，打扮淡雅舒展的女士，比穿迷你裙、浓妆艳抹、穿牛仔服的女性更具有魅力。这种魅力，在很大程度上是你的事业获得成功所不可或缺的。

高情商女性，
职场之中更闪亮

海伦是一家外企业的金领，她非常的热情大方，充满着着青春的朝气。她说话自信却不自大，工作做得干净漂亮。她会两种外语，有自己的私车，她信奉"独身主义"。总之，像海伦之类的自强自立，活得自由而潇洒的女性们是外企里一道亮丽的风景，她们是新世纪所谓的高情商的女性。

下面我们对高情商女性的成功之路做一下透视，通过她们的足迹，多少会对我们有些启发。

1. "千里之行，始于足下"

世上任何宏大的目标，都是靠一件一件的小事的完成来实现的。一步登天的是火箭，人是很难做到的。目标再宏伟迷人，它也只是蓝图，望着它而自我陶醉，那是对水中月、镜中花痴迷的愚人。

真正高情商的女性始终认为，在那些你想有所改变或有所创新的领域中，干起来是取得成功的关键。高情商女性都有这样的特征：她们不管情绪如何，总是坚持正常工作，她们努力培养"在其位"的努力，使自己置身于一个最可能取得成功的环境之中；她们只要有一个不完备的计划、一个粗糙的想法、一个念头，她们就着手去干，然后不断加以改进。真正重要的是，她们懂得不去尝试，就永远实现不了自己的目标。

2. 坚持不懈

目标是一点一点、一步一步达到的，高情商的女性懂得成功是一个缓慢的积累过程。它需要时间，有时甚至需要花成年累月的时间，成功女性明白这一点。当她们为成功而奋斗时，她们懂得即时满足是不现实的，既要动手干起来，又要不懈地坚持下去。

重要的是我们要明白，那些即使功成名就的女性们，通常都是从"底层"干起来的！她们努力工作，慢慢地升上来，很像是一分一分地存钱，随着在知识和经验方面的日益富有，她们就成了学识广博的人。

高情商女性还懂得学习需要时间，知道不可能在一日之内就攀上自己理想的巅峰，在各种挫折面前，坚持不断地努力、视失败为益友，积极吸取教训，有股不达目的不罢休的韧劲。

3. 全力以赴

高情商的女性之所以成功，是因为她们能积极地与著名的成功者相比较，把他们当成楷模……她们靠着起早贪黑、反复努力、坚持不懈去战胜哪怕是最严重的困难，在别人说她不具备条件时，也决不放弃希望和努力，相信只有行动才能把人生引向成功，即使有点灰心，也决不后退，认为除了干下去，别无选择。

高情商女性是创造者，是社会生活的推动者。她们懂得正是工作才把人生的罗盘拨向成功的一面。高情商女性专心致力于那些有可能完成的事情，对自己面临的每一个挑战，都全力以赴甚至背水一战。

高情商女性是满腔热忱、意志顽强的人。全身心的投入，是许多成功女性最感人的剪影，也是高情商女性的独有品质。

4. 积极乐观

高情商女性不但被一切美好情感陶冶心灵，大自然的迷人艳丽同样让她感到愉悦。她善于把自己的思路和言谈都引导到振奋人心的、鼓舞人的观念上去；她善于体验现实中的美好事物。认为过去是一个可供借鉴的信息库，而未来是一片快乐的、前途无限的、引人入胜的乐园。她积极地解决问题，把环境中的消极方面压缩到最小限度，并竭力找出积极的东西，并百般呵护它，使它成长壮大。

她经常对别人微笑，也得到别人微笑的回报。对经历过的活动总是给以积极的评论，并总是热情洋溢地回忆自己与人共处的时光。恼火或不愉快时，就动手扭转处境，懂得活得快乐是自己的责任所在。

高情商女性爱用这样一些词语：很好、好的、我喜欢、了不起，等等。高情商的女性知道保持一种积极向上的乐观的态度，是拼搏获胜的关键。

5. 友好

高情商女性对别人的帮助是满眼的感激和由衷的赞扬，而极少说消极的话；她们致力于维护互相关心的友好气氛；失败时，她们承担起责任而减少冲突，很快地改变别人的戒备态度，去投入眼下的工作；她们真诚地肯定对方并且说："请告诉我你的观点。"然后注意倾听，不去争论辩解。

即便是沾一点儿边的帮助，都真心诚意也给予回报，以使下一次得到更贴近自己目标的帮助；她们大量使用真诚的肯定来表示承认别人所做出的贡献。理解别人发火可能是由于内心的恐惧，而平心静气地和对方商讨问题，同时纠正针对自己的消极的评论，不使矛盾在唇枪舌战中升级。

6. 诚实

如果你诚实待人，你会惊奇地发现她们会仿效你，邀请你进入她们自己的内心世界。毕竟大家都知道，你是个人，有时候你也会犯错误、犯糊涂，说一些日后自己会懊悔的话，或在判断上出现严重的失误。这正是置身生活中的光明磊落的人所做的一切。诚实、坦率并承认自己没干好某些事，这些会使你受到别人的赞美。高情商女性无不具有诚实的特征，她们告诉别人自己在想什么和需要什么。如果有不同意见，就会面对面地、温和而直截了当地解释明白。她们深知诚实比说谎和装假要更轻松和更少劳神。高情商女性在初次与人交往时也不掩饰自己。由于她们的坦诚，别人信任她们，愿意进一步了解她们。她们通过使别人了解自己的办法，而不靠专挑别人的错误和问题来表明自己的真诚，她们重视别人的感受。总之，她们表现出自己的本来面目，而不去投人所好、弄虚作假。

7. 坚强

任何人的成长之路都不是一片坦途，凹凸不平的路上照样会堆放着几块石头。尤其是女性，在这时有些犹豫，有些对自己能力产生怀疑，有些甚至放弃了。

高情商的女性在逆境中，不会只顾低头叹息，而是有一套能把困难和挫折这些压力变成前进动力的技能。而压力越大，她的干劲和热情越高，紧迫的工作任务，疲惫的身体，精神情感的苦闷，统统被她们当做干柴，一股脑儿投入到事业的熔炉里，让她们发热，让她们闪亮，面对这熊熊燃烧的烈焰，她们坚强如山。

职场修成之
能说会道的
好相处员工

2

　　女人不是弱者，在很多方面甚至于胜过男性。但是这需要职场女性付出自己的努力，勇敢地去挑战男性所霸占的职场领域和职场地位，开拓女性自己的职场天空！在职场中学会沟通，善于沟通，是一个当代职业女性所必备的本领。假如你懂得将这种本领融会贯通、得心应手地运用在你的生活与工作之中，你会发现，你是一个很受他人欢迎的人。职业女性想要取得成功，除了努力培养你的工作能力，运用好自己的沟通语言也是至关重要的，就女人而言，出色的沟通能力更是获得他人认可、尽快融入团队的关键要素。

善于沟通，
更能获得职场认可

在职场中学会沟通，善于沟通，是一个当代职业女性所必备的本领。假如你懂得将这种本领融会贯通、得心应手地运用在你的生活与工作之中，你会发现，你是一个很受他人欢迎的人。职业女性想要取得成功，除了努力培养你的工作能力，运用好自己的沟通语言也是至关重要的，就女人而言，出色的沟通能力更是获得他人认可、尽快融入团队的关键要素。

身为女人，要想建立良好的人缘，并且通过好人缘来促进你的事业，你一定要懂得沟通，沟通的技巧不光是一门学问，更是一门艺术。根据国外有关研究表明，善于沟通的女人通常具有以下特征：聆听多于表达、尊重他人的隐私、不过于谦虚、犯错误时勇于承认并坦诚道歉、不给自己的不当行为寻找借口、不故意过分讨好他人、珍惜自己和他人的时间。

而不善于沟通的女人个性特征主要有：不懂得尊重他人、自我中心太重、过于看重功利、过于依赖他人，以及嫉妒心强、自卑、偏激、退缩、内向不合群、对外界充满敌意等。

那么，怎样使自己成为一个受到大众欢迎的好女人呢？从心理学角度说，改善人际关系的核心要点首先在于懂得换位思考，学会把自己放在别人的位置上从他人的角度来体会对方的感受。学会用平常心来看待自己的得失荣辱，把自己的得失荣辱看成发生在别人身上，避免因自己情绪的变化而影响人际关系。其次是把别人当做自己来对待，一个人只有设身处地通过角色互换，才会善解人意地去急他人之所急、痛他人之所痛。三是把别人当做别人，把别人还给他自己。即尊重别人，不干涉他人的隐私，不侵犯他人的私人空间。四是把自己当成自己，认识自己的独特性。这意味着在自知的基础上建立起自尊和自信，扬长避短，更成熟、更理智地与别人友好相处。

沟通，离不开语言这个有力的工具，熟练掌握职场的语言艺术，有助于你获得好的人缘，而好人缘是你走向成功之路的关键因素。在职场上，我们每一天跟同事、领导之间肯定有话要说。要说什么、如何说，哪种话该说，哪种话不该说，都要注意"讲究"，不能多说。在职场上"说话"的确是一门艺术，很多时候，有的人吃亏就是由于没有能管好自己的嘴巴。

我有一位好朋友，她性格偏于内向，不怎么爱说话。可每当有人就某件事情向她征求意见时，她说出来的话总是特别"刺"人，况且她的话总是在揭别人的短。有一回，我所在部门的同事穿了一件颜色鲜亮的新衣服，别人都称赞说"漂亮"、"合适"之类的好话。但当人家一问她感觉怎样时，她却直接回答说："你身材太胖，这件新衣服不适合你，并且颜色太艳了，跟你的年纪很不相配。"这"直爽"的话一说出口，便弄得当事人十分生气，而且其他大赞衣服多么多么好的人也显得很尴尬。原因是，她说的话有一部分属实，比如说该同事就是属于比较臃肿的人。尽管有时候她会为自己说出的话招人讨厌反感而后悔，可太多的时候，她总一如往常地说特让人难受的话。逐渐地，同事们就不由自主地把她排除在集体之外，很少再就某件事儿去征求她的意见。即使如此，若是偶然需要听听她的意见时，她仍是管不住自己，又把他人最不愿意听的话给说出来。至今公司里几乎没有人愿意主动答理她，她当然也很明白大家不答理她的原因所在。

可见，在我们日常工作与生活当中，不要不讲究技巧就直截了当地指出别人的不足之处。要懂得，世界上没有任何人是完美无缺的，所有人都存在自己的缺陷与短处。当你要"如实"揭别人短的时候，要反求诸己地想想自己的短处，这样就会在说话时适当有所保留，给他人留一分面子，就等于给自己留一条后路，自然，也就是给自己创造良好人缘。

学会沟通，善于沟通，是一个当代女性一定要具备的本领。假如你懂得将这种本领融会贯通、得心应手地运用在你的生活与工作之中，你会发现，你原来也是颇受他人欢迎的人。更为奇妙的是，从此以后，原来你一个人感到束手无策的诸多问题，挺轻易就可以得到他人的热心相助。你的生活将处处充满灿烂的阳光，事业更加顺心如愿。

职场沟通
三原则

职业女性想要取得成功，最重要的一点就是要能跟同事、上司、客户进行顺畅自如地沟通，就女人而言，出色的沟通能力更是获得他人认可、尽快融入团队的关键要素。

不少人一提起沟通就以为是要善于开口滔滔不绝地说话，事实上，职场沟通既包括怎样发表自己的看法，也包括如何倾听别人的意见。沟通的方式许许多多，除了面对面的直接交谈，一封快捷的 E-mail、一通热情的电话，甚至是一个双方目光接触的眼神都是沟通的手段。

职业女性在沟通时需要掌握好三个原则：

[站好立场]

假如你刚到一家公司，要充分认识到自己是团队中的后来者，也是最缺乏资历的新手。通常来说，领导和同事都是历经职场考验，他们是你在职场上的前辈。在这样的情况下，作为新人，你在表达自己的想法时，要尽量采用低调、迂回的方式。尤其是当你的看法与其他同事有较大冲突的时候，更应充分考虑到对方的威信度，充分尊重他们的个人意见。同时，在阐述自己的观点或理由时也不能太过强调自我，要更多地自觉地站在对方的立场上思考问题。

[顺应风格]

　　不一样的企业文化、不一样的管理制度、不一样的业务部门，沟通风格自然也会不一样，有时甚至截然相反。一家欧美的 IT 公司跟一家生产重型机械的日本企业的员工的沟通风格必定相差甚远。还比如，人力资源部门的沟通方式同工程师的沟通方式也会有所不同。要留心观察团队中同事间的沟通特点，注意把握大家表达观点的不同方式。假如其他人都是胸襟坦荡、开诚布公，那你也就不妨有话直说；假如其他人都偏向含蓄委婉，你也要讲究一些说话的技巧，不可太过于直露。归结为一句话，就是要尽量采用大家都较为习惯和认可的方式，不宜自行所谓的"标新立异"而招来种种非议。

[及时沟通]

　　无论你性格属于内向还是外向，或喜欢跟他人分享与否，在工作中，时常注意与同事沟通总比自我封闭而逃避沟通要好很多。尽管不同文化的公司在沟通风格方面会有很大不同，然而性格外向、乐于跟他人交流来往的员工总是更受欢迎。你应把握一切可能的机会同领导、同事自如地交流，在合宜的时机巧妙地说出自己的观点和想法。

[人际关系不可丢，人格魅力不能忘]

在职场上，男性大多占据着重要的位置，而女性想要打下一片江山，一定要表现得比男性优秀、智慧。

女人一般情况下很少参加男性的社交应酬，很少跟他们一起干杯狂欢、一起大侃足球，很少跟他们一起讨论国际局势，也很少跟他们一起打高尔夫球。

女人想要冲破性别藩篱，担任重要管理职位则更为不易，毕竟男性大多不愿意被女性所领导，因而极力排斥，女性也会由于同性相斥的原理而不希望自己的顶头上司也是女性。所以，女人如果想要闯出一片天地，学识与能力诚然重要，人际关系和人格魅力则更加重要。

交际能力和人格魅力，同女性事业成功有着极为密切的关系。你需要擅长言词，具有较强的说服力，善于激励人，能准确读懂别人的心思，让人开开心心地愿意帮你做事。交际能力和人格魅力是最难以捉摸的神秘因子，是一种神秘得近乎神奇的事业推进剂。它是一种迷人的气质和个性魅力，充分施展你的交际能力和人格魅力，能让他人支持并热情洋溢地帮助你事业成功，交际能力和人格魅力能支持你一步一步朝着金字塔的顶峰攀登，成为令人尊敬和瞩目的领导者。

我们常常能够看到这样一种女人，她们本身已经具备了不少优点，然而她们并没有想过要把自己的优点放大，而是想尽办法地去研究其他女人身上的优点，渴望把他人的优点全部集中到自己身上，可最后的结果是，她们不仅没能使自己成为"完美无缺"的人，反倒由于去模仿别人而把自身的优点和优势也丧失殆尽。

其实，一个女人，只要能够把自己的优点发挥到极致，就完全可以做出一番美好的事业，假如一味去艳羡别人、仿照别人，最终将会毫无成就。女人要明白，挖掘自我，保持本色，充分利用好自己的优势是造就事业的根本，那种集一切优点于一身的想法是最不切实际、最荒谬的行为。相对来说，人们之所以这么苦恼，是由于试图使自己适应一个并不适合自己的模式。

保持自身的本色，就是试着把握自己的个性，发现自己的优点，把自己的独特个性和优点充分地发挥出来。怎样保持本色，不妨看下面的例子：

有一个小女孩，她历尽艰辛做梦都想成为一名歌唱家，只可惜她长得很丑，脸很长，嘴很大，牙齿又非常暴露，她第一次在一家夜总会面对众人公开演唱时，她一直试图把上嘴唇拉下来以遮盖住牙齿，期望能表现得好看一些，结果却适得其反，出尽洋相。

就在她自认为注定失败之时，夜总会里一个听过她唱歌的人，觉得她很有天赋，并十分坦率地对她说："我一直在看着你的表演，并且明白你想掩藏自己，你是不是感觉自己的牙齿长得很难看？"女孩显得非常窘迫，可那男的依然接着说："长了龅牙并不是什么罪过啊！你不必试图遮掩，请勇敢地张开你的嘴，假如你自己不在乎的话，观众也会喜欢的，也许那些你想遮起来的牙齿还会给你带来好运呢。"

女孩接受了这个忠告，不再刻意去关注自己的牙齿，演唱时一心只想观众，完全投入歌唱，她张大嘴巴，热情欢快地唱，终于她成为一名娱乐界的明星，很多演员现在都刻意模仿她呢。

从根本上说，每一位女人都具有类似这样或那样的潜力，所以不该再浪费哪怕一秒钟，去为自己的不足而忧虑不已。保持自己的本色，做最真实的自己，这样的女人最富有人情味与亲和力。你要懂得，假如你具备所有女人的优点，那么你得到的将是前所未有的孤独和寂寞。这个世界上从来不存在完人，一个人因为有了缺点或缺陷而获得他人的认可，若是你成为唯一的完人，那你就是神仙了，还有谁愿意和你在一起？因此说，在你的职场生涯中，设法最大限度利用你的自身优势，保持好你的女人本色，你既能在职场取得突出成就，又能够充分享受到作为女人的幸福。

九条与老板的相处之道

在职场中，怎样与你的上司和睦相处，对你的身心、前途都有很大的影响。每一个人都有一个直接影响他事业、健康和情绪的上司，那么怎样把握与老板的相处之道呢，以下九条准则可供参考：

1. 倾听

当上司讲话的时候，要排除一切使你紧张的杂念，专心聆听。眼睛注视着他，不要死呆呆地埋着头，必要时作一点记录。他讲完以后，你可以稍思片刻，也可问一两个问题，真正弄懂其意图。然后概括一下上司的谈话内容，表示你已明白了他的意见。切记，上司不喜欢那种思维迟钝、需要反复叮嘱的人。

2. 简洁

简洁，就是有所选择、直截了当、十分清晰地向上司报告。准备记录是个好办法。使上司在较短的时间内，明白你报告的全部内容。如果必须提交一份详细报告，那最好就在文章前面搞一个内容提要。

3. 讲一点战术

不要直接否定上司提出的建议。他可能从某种角度看问题，看到某些可取之处，也可能没征求你的意见。如果你认为不合适，最好用提问的方式，表示你的异议。如果你的观点基于某些他不知道的数据或情况，效果将会更佳。别怕向上司提供坏消息，当然要注意时间、地点、场合、方法。

4. 解决好自己分内的问题

没有比不能解决自己职责分内问题的职员更使经理浪费时间了。

5. 维护上司的形象

你应常向他介绍新的信息，使他掌握自己工作领域的动态和现状。不过，这一切应在开会之前向他汇报，让他在会上谈出来，而不是由你在开会时大声炫耀。

6. 积极工作

有经验的下属很少使用"困难"、"危机"、"挫折"等术语。他把困难的境况称为"挑战"，并制定出计划以切实的行动迎接挑战。在上司前谈及你的同事时，要着眼于他们的长处，而不是短处。否则将会影响你在人际关系方面的声誉。

7. 信守诺言

如果你承诺的一项工作没兑现，他就会怀疑你是否能守信用。如果工作中你确实难以胜任时，要尽快向他说明。虽然他会有暂时的不快，但是要比到最后失望时产生的不满要好得多。

8. 了解你的上司

一个精明强干的上司欣赏的是能深刻地了解他，并知道他的愿望和情绪的下属。

9. 关系要适度

你与上司在单位中的地位是不同的，这一点心得有数。不要使关系过度紧密，以致卷入他的私人生活之中。与上司保持良好的关系，是与你富有创造性、富有成效的工作相一致的，你能尽职尽责，就是为上司做了最好的事情。

学会观察，
做职场有心女性

　　善于观察是职场中一个很重要的因素，它会给我们带来很多成功的机会。然而，我们当中只有少数的人是善于观察的，很多人只是感觉到了，但并没有把这些信息传递给我们的大脑，将信息加工和过滤。结果，在观察事物时，就不能真正理解他们的意义。只有用积极的心态去观察，用开放的眼光看世界，观察我们周围的机会，并时刻洞察未来，才能得到我们需要的东西。

　　杜邦公司化学家卜莱克博士做了一次实验。打开试管后，他没有看到自己希望得到的东西，看来实验失败了。但是，他并没有像其他人那样随手把试管丢掉，而是仔细地观察试管，觉得里面好像有一种东西，但又没有看到。他觉得很奇怪，就放在天平上称了称这个试管，结果发现它比同型号的试管要重些。他更好奇了，又仔细地观察了后，他发现了非常透明的特弗伦。这种物质日后为杜邦公司创造了很大的财富。

　　在我们的工作和生活中，也同样要学会观察。观察可以让我们了解别人，观察可以给我们带来机遇。古人云："知己知彼，百战不殆。"做好"知彼"的工夫也是个人职业生涯里的重头戏：都同哪些人进行交往，其中哪些人将对自身发展起重要作用，是何种作用，这种作用会持续多久，如何与他们保持联系，如何博得他们的信任，可采取什么方法予以实现，工作中会遇到什么样的同事或竞争者，如何与他们相处。知道了这些，我们就可以很好地抓住他们，在职业晋升的路上、在必要的时候得到他们的帮助。内因是变化的依据，外因是变化的条件。

既知己，又知彼，职业设计就有了成功的基础。因此，我们要善于观察，通过观察得到结论，通过观察来寻找对策。

在工作中，我们要注意观察自己的上司。善于观察，力求合拍上司的个性、特点及对事对人的倾向以及上司的兴趣与爱好，这些都可以从日常的一些细节中观察到。有的上司做事认真、井井有条，办公桌打扫得一尘不染，对于这样的上司我们也要有认真的劲头。有的上司比较懒惰，办公室弄得一团糟，这时你就不必刻意表现自己的认真。又比如，总是说"我希望"、"据我看来"的上司则说明他相当自信并且实事求是。平时可以记录上司办公桌上的读物名称，私底下也拿来阅读，遇有好书也可以推荐给上司。要能够从上司的一个眼神里尽悉其喜好，这样，自己在说话和做事时就能投其所好。投其所好并不是要去拍马屁，而是仔细观察上司的做事方式与态度，促进你与上司之间的合作。

不光是上司，我们还要善于观察自己周围的同事。在工作中善于观察同事是很有必要的，这能够促使自己洞悉他们的心理、想法、欲求，能够真正发现他们潜在的特质，抓住这一点，就能够比较好地抓准他们、用好他们。每个人都不是天生要和别人作对，很多冲突都是出于误会和不了解。观察了同事，了解了他们的特点，在做事时就可以避免触犯他们，和他们保持良好的关系。不同的人性格不同，做事的特点也不同，比如有的人非常讲义气，这时如果你想找他做什么事，你也要表现得讲义气些，事情就好办得多；如果有的人胆小怕事，你请他帮忙一定要说明这样的事情不会给他带来任何的麻烦等等。抓住别人的特点，投其所好，才能很好地利用他们的力量。如果忽略别人的性格，勉强他们做不适合的差事，结果受挫折的将是自己。

在工作中，要学会去观察那些做得比较好的人，看他们做事的方法、处理事情的原则，这对于提升自己的能力是大有帮助的。同一份工作，同时进厂做，有的员工做得好，而有的员工至今不得要领，为什么呢？不外乎善于观察老员工、先进员工的工作,善于吸取经验罢了。我们都可以做得更好,只要我们少一点浮躁,多一点谦虚,就会在无形中使自我得到提升和飞越。

要用积极的心态去观察别人,要会发现对方的优点和缺点。要善于赞扬别人,善于从理解的角度真诚地赞美别人。要通过观察,寻找对方的兴趣点,比如在和别人谈话时,有时候会发现对方虽然在听,却没有用心,或者是转移话题,跟你瞎扯。这时就要尽快放弃你的话题,寻找对方的兴趣点。

观察可以给我们带来很多机会,带来很多方便,因此,在工作和生活中,一定要做一个善于观察的人,做一个有心人。

公司上上下下有很多人，大家都想在工作上有所发展和提升。也许大家的能力相差无几，但是有的人却可以扶摇而上，原因固然是多方面的。但是我们发现扶摇而上的人往往是善于接近权利伙伴，展现自己的工作能力的人。

怎样接近权利伙伴，可分为两种：一种是主动接近，另一种是被动接近。由于主动接近具有可控性，这种方式可以选择自己接近的对象，自己接近的方式，所以它是我们进行人际交往的首选。古人云"有缘千里来相会，无缘对面不相逢"，但在现实生活中，我们要想有良好的人缘，要想得到快速的升迁，就不能抱有这样的观念，不能仅仅是等着机缘叩响自己的心灵之门，而应该主动去接近自己想接近的人。

首先，要主动接近你的上司。一般来说，领导手下的人不止你一个，如果人多的时候，他是不可能对每一个员工都面面俱到，了解得很透彻的。这时，怎样才能加深他对自己的好感，让自己在众多人里脱颖而出呢？那就需要自己主动找上司，主动去接近他。可以向他请教工作中的事情，在碰到难题时请他帮忙出主意，经常向他汇报工作；另外，你也可以多了解他的情况，在他需要帮忙的时候给予非常合适的帮助。这样可以加深他对你的印象，在升职时他就会先想到你。

钟彬娴刚开始工作时，没有一点经验和背景，那她的成功是怎样得来的呢？这其中有很多因素，但有一点不容忽视，那就是她寻找自己的贵人并积极主动地去接近她。钟彬娴所在的布鲁明岱百货公司有一位非常成功的女性，她的成功人人都羡慕，那就是该公司的副总裁法斯。法斯是一个引人注目的女性，她自信大胆，在工作中不断高升，且拥有非常幸福的家庭。这样的一个人就成了钟彬娴追求的目标，她立志自己以后也要像她那样成功。

立了这样的志向后，钟彬娴就想方设法地接近她。每一个人都希望别人欣赏她的成功与能力，钟彬娴就经常非常诚恳地向她请教工作中的方法与经验。这种接触是一种很好的学习途径，让钟彬娴变得成熟起来，并且在私下里，她也把法斯当做朋友，就这样她以自己的真诚与热情赢得了法斯的友谊。不久她就成了法斯的心腹，受到了她的大力提拔，在27岁的时候，她已经进入了布鲁明岱百货公司的最高管理层。后来法斯跳到了马格林公司当CEO，钟彬娴也跟着跳了过去。

那些与钟彬娴同在法斯下面工作的老同事，仍旧是在默默无为的工作。而她却取得了这么大的成就，究其原因，就在于钟彬娴能够积极主动地去接近自己的上司，向上司学习并向她展示自己的才能。

其次，要主动接近自己的同事。接近同事，取得他们的支持可以给自己带来良好的人缘。在必要的时候，他们会给你很多帮助。很多人都知道应该去主动接近自己的权力伙伴，但他们缺乏勇气，心里想着却做不出来，所以一直也就是默默无为了。其实只要你去做了，你就会发现事情并没有你想象中的那样困难。当然了，去接近别人也要采用适当的方法，不能仅仅以一种利用的心里去接近别人，要用你的真心和友好，这样才是可行的。总结起来，接近别人时我们应该注意的方法，有几种可供大家参考：

[态度友好真诚]

真诚友好的态度能够给人带来良好的印象。微笑对接近人来说，是一种诚意与善良的表征，是愉悦别人的良好形象，是能够引起兴趣、好感的源泉。这种方式可以令别人感到轻松愉悦。

[要学会推销自己]

在现代交往中，把自己推销出去，让别人有机会多侧面、多层次地了解自己，这也是使别人迅速决定接近自己的前提。推销自己，是指合适地表露自己，来一个适度的"亮相"。一个人躲躲闪闪，含糊其辞，令人捉摸不透，别人是难以接近的。

[注意选择话题]

与不同的人，在不同的场合，交谈的话题都要不同。交谈是一种接近的交流方式，话题选择要同接近的目的相吻合，而且话题要相当明确，话题选择要引起双方的兴趣。同时也要注意话题的变化。

[要多联系]

在保持联系的情况下，接近能增加彼此认可的机会。有许多过去的好朋友，如果一旦分手，不再经常联系，那么无论过去多么亲密，都会导致陌生。我们同周围人的接触，也要多加联系，这样才可以了解得更多，关系更加密切。

赢得领导认可，职场晋升更容易

　　职场中顶头上司不仅直接管辖我们的工作，而且对我们的晋升起着至关重要的作用，如果能够与上司建立良好的关系，那么晋升就容易得多，否则的话，即使你有一身的本领，也难以让伯乐发现。因此，如果你有晋升的愿望，千万要和顶头上司搞好关系。上司也是人，他们也希望能和下属建立一种友好的关系，每一个上司都不会说是故意为难自己的下属，只要你在和上司交往的时候，掌握一定的技巧，多注意些，达到目的就不会很难。

[对上司忠心]

　　每个上司都希望下属对他忠诚，讲义气，重感情，不在别人面前说他的坏话，在困难的时候仍然跟随着他，而不是背叛他。肆意攻击、背叛上司，吃亏的是自己，说不定后面有一连串意想不到的报复将会接踵而至。所以，如果你是个天生的"反对派"，一定要设法加以改变，学会强迫自己保持沉默。为上司承担过失当上司在工作中出现了错误时，要勇于把责任揽到自己身上，这样虽说当时是有点吃亏的，但从长远来看，是会有大福的。上司心里肯定也明白，你是为他才这样的，他会觉得欠你的人情，以后如果你有事情找他帮忙，他肯定会尽力而为。

[尊重上司]

上司毕竟是你的上级，要对他表示尊敬，也要对他的意见表示尊重。当你和上司的意见有分歧时，不能当着众人面顶撞他，和他争论，这样会让他觉得很没有面子，下不了台，只会让他对你没有好感。最好是私下里和他交流，说话时也要采用一定的技巧，不能让他觉得你的威压，这样做除了能照顾他的面子外，对你自身也会产生好的影响。

[多赞扬、欣赏你的上司]

每个人都希望得到别人的欣赏与称赞，上司当然也不例外。如果你能适当地表示出你对上司的欣赏，他肯定是会非常高兴的，也会觉得你是一个有能力的人，看出了他的成果。赞扬不等于奉承，欣赏不等于谄媚。但是，对他的欣赏和称赞也要符合事实，要注意说话的技巧，不能只是一味地拍马屁，如果你拍得不得当，说不定还会起到反作用。

[多请上司批评指教]

在与上司的交往中，谦逊是很重要的。要主动找上司谈话，请他对自己的工作多做指教，这可以增强自己工作方面的能力；有不对的地方要虚心地接受他的批评，这样他会觉得你是一个求上进的人，并且认为孺子可教。有的人在上司批评他时，会一脸的不高兴，认为上司在故意找自己的麻烦，这是不对的。上司对自己提意见表示他还在意你的表现，要是无论你怎么样他都不管了的话，那才是真正的坏事。

[要韬光养晦，不与上司争功]

在上司面前过分在意金钱和物质方面的利益，对下属来说并不是好事。作为下属，你的任务主要是协助上司，假如你硬要出来邀功争宠只会让人觉得你不自量力，不识大体。所以不要让上司认为你的存在是对他的威胁。切记不要代替上司领功，跟上司"抢镜"，这样表明你目中无人，不知道尊重领导。到头来只会是功劳没有争到，名也会丧失。最好的办法是让上司给，而不是自己去抢。你应明白上司总需要一些忠心耿耿的追随者和支持者在身边，一旦他把你当成自己人看待，那就等于为你以后的发展打下了铺垫。

[认真实践上司无意的谈话内容]

跟上司一起时，对上司偶尔吐露的话要牢记，并在恰当的机会中加以实践。这样可以让他感到惊喜，当然也会让他对自己有一个好印象。也许有时候上司的话和工作根本扯不上关系，可是做下属的应该有随时听候差遣的心态。在可能的范围下，对上司的一言半句都应给予实践。

当上司与第三者谈话时，作为下属，如果在场的话，要对对方的言语随时保持警觉，当上司处境不利时，马上给予应和，拥有这样的部属，是上司最感骄傲和值得炫耀的。当你给上司这样的印象时，他当然是会给你相当高的评价的。

[工作要一心一意]

每个上司都喜欢自己的员工工作时一心一意，不喜欢那些成天想着到外面去找更好机会的员工。在跳槽成风的今天，诚信显得尤为重要。只有让上司觉得你是想在这里认认真真地工作，希望能为公司贡献自己的力量，才能赢得上司的好感。有的人为了赚钱在外面做兼职，这是一种工作不专心的表现，虽然可能并没有荒废自己的工作，但对于上司来说，这本身就是对公司不忠诚的表现，被上司发觉后必然没有好结果，即使没有被辞退，以后的发展和晋升肯定不会再被考虑了。还有的人喜欢在上班的时候处理私人事务，甚至有些人在上班的时间利用公司的公用电话和朋友聊天，这些行为更是有悖于最基本的职业道德，被上司发现后必然没有什么好结果，会被认为对公司不够尊重，不把工作当回事，只是在混日子。

你现在符合上述几点要求吗？如果你做到的话，恭喜你，你在工作中一定会步步高升的。如果还没做到，那就继续努力，功夫不负有心人，总有一天，你也会成功的。

小职位
也有大作用

在我们的工作环境里，和上司关系最紧密、打交道最多的职位之一就是秘书。那么和上司的秘书建立良好的人际关系，得到他们的尊重，无疑对自己的生存和发展有着极大的帮助。

在大公司工作，刚进时所属的部门未必是心目中最理想的。这时候，就要与有关部门人物建立好关系，他们可能有助于你调职。但要注意的是，秘书有时比部门主管更重要，尤其当他为你安排面试的时候。

李林今年刚20多岁，就已经是科长了，而且很有发展前途。他的工作能力很强，在看问题方面很有自己的独到见解，他发表自己的意见时，三言两语，即中要害，令人叹服。但是，他和老板秘书的关系却不太好，觉得她没什么真本领，只是仗着老板在别人面前耀武扬威。有一次两个人还因为一件小事吵了一架。在对公司的总体发展上，他也有不少的建议，每次写了报告交上去，过很久都没有回音，他想见老板亲自和他谈谈，但每次都被秘书拦下，说老总在忙，没有时间。一开始，公司的老总对他挺欣赏的，对他的意见和建议十分重视，说他以后肯定会有大的发展前途。但后来，他感觉自己和老板的距离是越来越远了。

他心里觉得很纳闷，不知这是怎么回事。后来一个同事悄悄告诉他，这说不定都是那秘书捣的鬼，她拿着他的文件不上报，有时还在老板面前说他的坏话，当然老板不会对他有什么好印象了。一开始，他以为只要自己努力工作就行了，到现在，他才恍然大悟，原来原因在这里。虽然老板是一个正直的人，但是秘书对他的影响还是非常大的。而且，他见不到自己的老板，无论什么事情都要通过秘书才能传达上去。后来他改变了策略，主动去找秘书讲和，采取多种措施去拉近他们之间的关系。本来他们也没有很大的仇气，时间久了，关系也就好了，再后来他的工作就好做多了，有什么事情秘书还会向他通风，和领导的关系也好了。过了没多久，公司的一个部门经理离职，李林马上就被提拔上去了。组织管理中，秘书有他们的特定职能与作用，即围绕领导，沟通上下左右，替领导传递信息，安排活动的时间，通过相对独立的活动，在组织内部的各个部门和各层次之间，发挥综合、辅助性的中介纽带作用。

长期以来，我们已经形成了一种心理定式，那就是什么人受人尊重、有能力、有学问、有头脑、有良好的品德，我们就跟他比较亲近。如果什么人专门斗心眼、一心钻营，我们往往躲着他们、疏远他们。结果呢？自己给自己设置绊脚石，只好磕磕绊绊地走在艰难的谋职路上。现在社会上很多人都看不起秘书这个工作，如果你也是这样的话，那么奉劝你一句，赶快把这个毛病改了，否则的话，吃亏的还是自己。

秘书的工作不是其他职员的替补品，他们有自己的工作任务，而且这个任务相当繁琐而且还很重要。例如，帮老板打印材料，帮老板整理文件，替他安排时间和日程，替上下级之间进行交流和沟通，这些事情都是别人无法替代的。如果没有秘书这个职位，老板的工作量肯定会增加很多，这样就不利于整个组织整体上的效率最优。因此说，秘书不比人低一等，一个好的秘书可以为老板节省很多时间，替他做好很多事情。她们的学历有时候虽然不是很高，但其所发展的作用是不可否认的。如果你在职场中想施展自己抱负的话，就应该和你上司的秘书建立起友好协作的关系，否则的话，纵有一身的本领，也施展不开，和她们建立良好的人际关系，在和她们交往过程中要注意以下几个方面：

[要尊重秘书，尊重她们的劳动]

秘书也是人，也需要别人的尊重。如果你连对她们起码的尊重都做不到，她们能和你关系好吗？不光是口头上的尊重，在心里面也应该是。你和她只是工作上的区别，都应得到尊重。

[热情待人]

在和她们交往的时候，要热情，主动和她们打招呼，多和她们聊天。有什么消息，就互相转告一下。

[恰当地求助]

求人总会给别人带来麻烦。但任何事物都是辩证的，有时求助别人反而能表明你的信赖，能融洽关系，加深感情。因此，求助他人，在一般情况下是可以的，要讲究分寸，尽量不要使人家为难。

[注意自己的语言]

喜欢在嘴巴上占便宜的人，实际上是很愚蠢的，给人的感觉是太好胜，锋芒太露，难以合作。因此，要注意自己的语言，有时不妨吃点亏，以示厚道。

职场沟通，
不可忽视情绪控制

有句俗话：同行是冤家，同事是对头。但是职场中如果我们想做起来游刃有余的话，一定要与同事友好相处，在竞争的同时把握好之间的相互关系。

同事既是你的同盟，也是你的竞争对手，因为大家都站在同样的起跑线上，谁能得到领导的赏识获得晋升，就要看自己的表现。平时大家在一起谈天说地，看起来关系很好，可是在这融洽里，有时也有一种看不见的竞争与矛盾。如果你有这样的困惑：领导对你印象不错，你的能力也不差，工作也很努力，却偏偏得不到晋升，这时候不妨考虑一下你和同事之间的关系是否出了问题。

同事是与自己一起工作的人，与同事相处得如何，直接关系到自己工作、事业的进步与发展。如果同事之间关系融洽、和谐，人们就会感到心情愉快，有利于工作的顺利进行，从而促进事业的发展；反之，同事关系紧张，相互拆台，经常发生摩擦，就会影响正常的工作和生活，阻碍事业的正常发展。同事之间，毕竟存在个人性格、职位性质特征、工作侧重点的差别，日常发生各种小矛盾难以避免。那么在工作中怎样才能使沟通变得更加顺畅有效呢？

同事之间存在利益方面的冲突，会让沟通变得更为复杂，每当这种时候，要尽可能将问题转变得简单一些。沟通时，最关键的依然是搞清楚你们双方角色的关系，是纯粹的同事还是朋友的关系。尤其是利益上有明显冲突的双方在沟通时，通常总会争着表达自己的意思，而把对方的意思忽略掉。因此，在你过多地关注自己的利益，可对方却对你没有什么感觉之时，沟通进程就无法继续下去。应该看到，既然利益是双方共同的关注点，那么，在沟通的时候，如果你能自觉考虑到对方的利益所在，则沟通自然可以变得顺畅起来。

[以大局为重，多补台不拆台]

对于同事的缺点，假如平常工作时间不肯当面指出，但一跟外单位人员接触交谈时，却很容易失控而对同事大加品头论足、挑他们的种种毛病，甚至还恶意攻击，这样便影响同事的外在形象，时间长了，对自身形象也一样不利。要意识到，同事之间因为工作关系而汇集在一起，就应该有最起码的集体意识，以大局为重，自觉维护着已经形成的利益共同体。尤其是在与外单位人员进行交际时，头脑中要存有"团队形象"的观念，多补台不拆台，不要只为个人小利而损害了集体大利，努力做到"家丑不外扬"。

[对待分歧，要求大同存小异]

同事之间因为经历、立场等方面的不同，对同一个问题，常常会产生差异极大的看法，以致引发不同程度的争论，稍不小心就容易伤了同事之间的和气。所以，跟同事发生意见分歧时，第一，不能过分争论是非对错。从客观上看，每一个人接受一种新观点都需要一个过程，从主观上来说，人时常都有好面子、好争强斗胜的心理，当同事之间谁也不服谁，这时若是过分争论，就非常容易激化矛盾而不利于整体团结。第二，不要一味"以和为贵"、事事都讲求一团和气，哪怕涉及原则问题也不坚持、不争论，而是随波逐流，刻意掩盖矛盾。这就会走向另一个极端，也同样会不利于团体事业的发展。面对问题，尤其是存在较大分歧时要努力寻找共同点，争取求大同存小异。即使确实不能求得一致时，也不妨冷处理，明确表达"我难以同意你们的观点，我保留我的意见"，使争论逐渐淡化，同时又保持自己的立场和态度。

[对待升迁、功利，要持平常心，不要嫉妒他人]

部分同事平日里待人异常和气，可当遇到利益之争，就很不客气地当"利"不让。或在背后散布流言，或嫉妒心大为发作，说一些诋毁他人的风凉话。如此既不光明正大，又于己于人都产生负面作用，所以对待升迁、功利要始终持有一颗平常心。

[跟同事交往时，要保持适当距离]

在一个单位里，要是少数几个人交往过于频密，极易给人造成有意拉小圈子的印象，极易让别的同事产生猜疑心理，更使一些心理不太健康的人产生是不是他们又在谈论别人是非的消极想法。所以，在跟上司、同事交往时，要注意保持适当距离，防止卷入小圈子。

[产生矛盾时，要宽容忍让，勇于道歉]

同事之间难免时常发生一些磕磕碰碰，假如不能及时得到妥善处理，就会逐渐累积蔓延而形成大矛盾。俗话说，冤家宜解不宜结。在跟同事有矛盾冲突时，要勇于主动忍让，从自身方面寻找原因，设身处地从对方的角度多为对方想想，防止矛盾激化。假如已经形成矛盾，自己又的确有错误，就要放下面子，勇于道歉，以诚心换诚心，实现和好。退一步海阔天空，只要有一方勇于主动打破僵局，就会发现原来彼此之间并没有任何化解不了的隔阂。

[发生矛盾时，要理智妥善地解决]

要解决好有矛盾的同事之间的沟通问题，其中沟通双方的细节问题也很关键。对于心理有缺陷的人，如果他能够有意识地加以改变自己的缺陷，这当然是最好的。在与这样的人进行沟通时，首先要了解对方存在的这个缺陷。原因是当沟通不畅时，心理有缺陷的人很容易形成对某件事有成见而存在不满的情绪，即使不在此事上表现出来，也会在其他事情上表现出来。这主要是由于在沟通的时候，沟通双方缺乏一种直接而坦诚的沟通方式。倘若有同事与这样的人发生的矛盾已经到了明显影响工作的境地，应该找一个具体而恰当的时间和场合，与这个人进行面对面的直接且真诚的沟通，把彼此真实的内心想法都直接坦率说出来，看对方的反应是什么，他到底需要你怎么做，才可以满意。倘若你选择摔书本或摔杯子的间接方式，十分容易令对方产生较大误解。

沟通过程包含了很多要素，其中情绪控制问题是最重要的一点，假使能在沟通前，把想要表达的意思，先在脑子里过一遍，常常会更保险许多。人通常在遇到不公平待遇的时候，情绪受到较大刺激，就很难保持冷静的心态去进行沟通。若一个人处于情绪激动的状态之下，此时他的智商几乎等于零。假如你是一个情绪波动起伏很大的人，在跟别人说话时，可以试着采用一些强制手段，比如数数，开口念1、2、3、4、5等类似这样的方式，以便调整和舒缓心情，为理智反应争取到时间。用专业的话来说就是，一旦人们遇到沟通障碍时，情绪的反应速度会比理智的反应要快。所以我们要善于控制好自己的情绪，特别是在与他人发生矛盾的时候。

上下部门，关系不可忽视

我们很多人都认识到与本部门领导的关系好坏与否，本部门领导对自己赏识与否，直接影响到自己的发展与升职。但值得注意的是，我们往往容易犯的一个错误是尊重主管不仅仅是你部门的主管，还包括公司上下其他部门的主管。

其实在提升之路上不仅要搞好与本部门领导的关系，得到本部门领导的赏识，搞好与其他部门领导之间的关系，得到其他部门领导的赏识也是同等重要的。这是因为本部门领导与其他部门领导同为领导，他们之间经常会有交流和沟通。当其他部门主管提到你能力很强、人缘好时，这对本部门的主管来说是一种骄傲。有人夸他手下的人了，表明你为他挣到了面子，他当然感到高兴。这样，即使一开始他对你没有多重视，听到夸奖以后也会对你另眼相看的。

和别的部门主管关系好，也可以扩大你的信息来源，增加你的整体知识量。在考虑问题时，可以有整体的感觉。而且，有的信息你比别人早知道一步，就可以优先采取措施。例如，其他部门有个空缺职位，你非常想得到它。当你和这个部门主管关系好时，你就会早点得到这个消息，早点申请，而且他们在考虑录用时，也会优先考虑你，因为他们比较了解你，知道你的能力，知道你能否胜任。如果你能够做到和其他部门主管很好地沟通，就可以增加你在公司里的人气，大家都会认为你的人缘很广，是一个中心人物，如果能给别人这样的印象，你在公司里的影响力就会增加，上司在考虑提拔时，当然愿意提拔有影响力的员工。因此，和其他部门的领导保持良好的关系，对于一个人在公司中的晋升来说，是非常重要的。在和他们交往时，要掌握一定的技巧。那么，我们该怎么做才好呢？在与别的部门领导的交往中要注意以下几点。

[尊重其他部门领导]

相互尊重是你和其他部门主管建立良好关系的前提，作为下属更应积极地去努力，不要以为其他部门领导和自己无关。一个善于学习的下属必须改善自己的态度，尊重领导，注意学习和吸收上司的长处，建立乐于服从的观念。还有些人对其他部门领导关系不满，虽不当面发泄，却在背后乱嘀咕，有意诋毁领导的名誉，这些都是对其他部门领导的不尊重，被知道后其后果可想而知。他虽然不会对你直接产生威胁，但是一有了这样的机会，你就要为自己的行为付出代价。

[控制好交往的尺度]

和其他部门领导也要保持一定的距离，和领导交往过密，会引起其他部门周围同事的不满，会使他们讨厌你，同时也要注意接触的频率，和本部门领导相比，和其他部门主管交往不应过频，以免引起不必要的猜测。另外，和其他部门主管的沟通，最好是在业余的时间，建立私下里的交往关系，进行一定感情上的沟通，但要注意不要窥视领导的隐私。你可以了解他在工作上的作风和习惯，但对于他的家庭和私人情况则不必了解。

[要有敬业精神]

每一个领导都喜欢有敬业精神的下属。要取得领导的信任，就必须既重实干，又对领导维护与忠心，二者结合，你才能无往不胜。所以无论在本部门领导还是其他部门领导面前，尤其是其他部门领导面前，都要尽量表现出自己的尽职尽责，和其他部门领导交往的机会远比本部门领导要少得多，这就要求我们要抓住一切可能的机会来表现出自己的尽责。如果其他部门领导对你的尽职尽责很满意，则很有可能会反馈给你的上司，这不仅在你领导面前为你增加了分，又使你的领导极有面子，对你来说真可谓一箭双雕。用心和他们交往。

[真正的交往都是真心换真心]

只有你付出了才会有收获。在他们需要帮助时，你伸出手帮上一把，在他们遇到困难时，尽自己所能去帮助他们。这样的机会是不常有的，遇到了就一定好好把握。当然，在和他们交往时，不要老是抱怨自己主管的不好，如果他和自己的主管关系好，这话很有可能传到自己主管耳朵里，一旦被知道了，后果可是不堪设想。如果这个主管和自己的主管关系不好，你向他抱怨也是不好的，没有哪个人喜欢一个成天抱怨的人，而且，他们会想，你现在抱怨自己的主管，明天会不会又向哪个人抱怨他的不好呢？

做到了上面的几点，你和其他部门的主管建立良好的人际关系就容易些。赢得了其他部门领导的好感对于你在本部门的脱颖而出，对于你日后的发展都大有好处。

普通员工，不可忽视的力量

　　职场中说话起作用的不仅是你的上司和各部门的主管，群众的力量也是巨大的，所以在职场中女性要获得广阔的人脉也要团结大众。所谓大众，在这里我们特指那些普通员工。不要小看这一力量，虽然普通员工不会在你的晋升上直接给你帮助，然而他们是组织内最基本的力量，他们所能形成的合力是一股谁都不容忽视的力量。

　　于你而言，他们的影响有可能是积极的，也可能是消极的。积极的影响是：在任何需要帮助的时候，他们都会帮助你，帮你说话；消极的影响就是在你不能得到他们的普遍认同时，他们对你的晋升可能是一个无法解决的难题。很可能他们在坏的方面的影响可能比好的方面的影响更具力量。这是你不得不谨慎关注这一群体的根本原因。

　　群众对你的评价会形成口碑效应。打个比方说，我们自己也常常出现这样的情况：当绝大多数人都在说某某人怎样怎样不行时，我们也往往对他产生这种看法，认为他真的不行，至少，我们也会对那个人持等待观望的态度。这种等待观望本身也是消极的，于谁都是不利的。它打击了人们主动与其交往的欲望，使其陷入孤掌难鸣的境地。

　　放眼古今中外，成大事者无不是能团结众人力量的人。抗日战争、解放战争时期，伟大领袖毛泽东同志坚持团结一切可以团结的力量，从而无坚不摧，这是一个我们大家都知道的事情。职场同样遵循着这样的规则。在职场中，没有人能够独立于大众之外而做出伟大的业绩。所谓"孤掌难鸣"在职场中体现得更为淋漓尽致。

另外，就职场这一特殊环境而言，一个人不能团结大众则无疑表明这个人缺乏组织能力、人际交往能力。而组织能力、人际交往能力是最起码的领导能力，倘若你连这一领导能力都不具备的话，那么你还有多大的成长空间？而当这样的评价导致领导也这样评判你时，你还有晋升的希望吗？答案是否定的。你将永远地失去晋升的机会，哪怕你在其他方面比别人更强，顶多，你只能成为一个资深专业技术人员，而永远与"领导"等这样的职位权力无缘。

团结大众是智者的行为，它体现出了一个人最根本的人际交往能力。能够团结人，使众人追随自己，表明这个人具有号召力，有"人缘"。在这样一个讲究协作的社会里，人际资源已跃居一个人能否成功的首要因素。毫无疑问，如果你在企业中和大众有着良好的关系，那么将会有助于你更好地发挥自己的才能，有助于你在自己的岗位上做出更大的成绩，有助于你增加在组织内部的分量。当然，对于你的升职也非常重要。群众是帮助你做好一些基本工作的首要力量。

个人的发展脱离不了群众的支持，群众是你实现晋升、晋升后做出业绩的最基本的力量。你是否能做好你的工作，从某种程度上说，群众的态度影响着最后的结果；另一方面，大众还是晋升的"把关人"，他们将对你的能力、品格进行最后的检验。特别是在一个民主的组织里，他们也将决定你是否应当继续在某一位置上待着，或者是下来还是上去。

尊重他人，
以德服人

女性通过自身不断的努力，成为了一个领导者，固然是可喜可贺的。但是怎么样职场中站住脚跟，赢得下属的尊重与积极的配合呢，这就需要下一番功夫了。要让他人尊重自己，自己必须首先尊重他人，这是所有聪明人都懂得的道理。身为领导，你想要下属看重你，你就必须先要看重你的下属。一名女性领导者，唯有使下属乐于接纳自己，愿意尊重靠近，包括接受自己的情感、态度和观点，心悦诚服地信从自己的指导，才可以使工作得以顺利进行。

下属越是积极努力工作，你的工作绩效也就越加显著，也就越容易获得职业生涯的成功。假如你想要做出优异的成绩，并因此而取得晋升，那么取得下属的支持和帮助，必定是一种好策略。

对于女性领导者尤其是那些新任的女性领导者来说，要让下属乐意接纳自己，不妨尽量将如下几方面做好：

[找机会多与下属沟通]

要想让他人信任并且尊重自己，你就一定要先让他人了解自己。而让他人了解自己最简单、最直接、最有效的做法就是同他们进行沟通。所以，领导者一定要经常跟下属沟通情感、沟通对事物的态度和看法。真诚与坦率是沟通获得好效果的基础或前提，要使你的下属感受到你真诚的态度，使他们感觉到你是真心地乐意跟他们交朋友。

在下属总体上接纳了你的为人之后，要恰当地向他们展示自己的知识、才能，让他们真心地钦佩自己，从而更愿意信服自己的领导。

[尊重和维护下属的人格尊严]

身为领导，各种人都有可能碰到，在你的团队中会有许许多多不同类型的人，积极进取的、消极依赖的、顺从听话的、抵制抗拒的、能力出众的、水平一般的等等。可是应该知道，不管他是什么样的人，不管他来自什么地域、什么样的家庭背景、什么样的教育程度以及什么样的个人习惯等等，他们总有着自己独立的人格和尊严，对于这一点你一定要给予无条件的尊重。就算是由于工作上的失误而批评他们时，也要在尊重对方人格和尊严的前提下进行，做到对事不对人。

[懂得在不同的场合扮演不同的角色]

我们所有人在一生中都要扮演很多不同的角色，比如，女儿的角色、学生的角色、员工的角色、领导的角色、妻子的角色、朋友的角色、母亲的角色等等。而任何一个角色都有其特定的环境和场合。假如角色和场合不相称，就会带来很多不利影响。适当强化自己不同的角色意识。正式场合下要像个领导，办事果断干练、责任心强、思路明确清晰、目光深远独到、顾全大局、坚持原则；非正式场合下，要像个群众，随和亲切、没有官架子、不打官腔、耐心倾听、灵活处事。能把工作同生活严格区别开来是领导者的一项重要基本功，也是领导者的言行给人以美感的客观需要。倘若不是这样，领导者在领导行为中带有更大的随意，就会使人们觉得领导者视工作为儿戏；在生活中带有领导活动的严肃认真，就会使人们感到领导者故意摆谱，令人厌烦。

寸有所长，尺有所短。任何人都有自己的优点和缺点，有的缺点是可以改变的；然而有的缺点是跟个人的性格、家庭环境、成长经历还有所遭遇过的特殊事件等有密切关联，短时间内改变起来很难。因此我们要更多地关注他们的优点。所有人最在意的就是自己的优点，我们的事业，我们的工作最需要的也是最大限度地发扬每个人身上的优点。多发现他人的优点，善于发掘他人的优点，并真诚地赞扬他人的优点，对一名领导者来说有时可能是违心的，有时很可能会觉得没时间顾及，可是这不光会使你错过许多帮助下属扬长避短的机会，同时还会无意中拉大领导者和群众之间的隔阂。优秀的领导者很会用赞扬给人以成功的喜悦，用赞扬消除下属艰苦劳动后的疲惫感，用赞扬引导人们对成败得失的深刻反思，从而靠赞扬来树立和巩固起自己的威信，使他人乐于接纳自己。

[敢于挑战，
不做职场懦妇]

职场中许许多多的女性成功者打破了"女人＝弱者"这个等式。确实，女人做事不容易，做个女性管理者就更不容易。但真正妨碍女性发展的正是女性自身。说起来真是令人难以置信，现实中竟有很多人对"女强人"不感兴趣，尤其是一些女性朋友，根本就不想也不愿做"女强人"。这种心理成为女性在事业上获得成功的一道屏障。

一般而言，能力、独立、竞争、积极、强硬等成了男性的代名词，而女性气质则与此相反，这是社会上一般的观念。因此认为，充分发挥自己的才能及领导力，在事业上有所建树，是男性的专利。

然而，假如女性具备了这样的能力时，又会怎样？依照社会上流行的观念，在男子领域上的成功，便是女性往后退了一步。于是，最初具有成功动机的女性，在预想到成功所获的同时，往往想到的是为此而失去更多的东西。如此一来，女性会产生对成功的畏惧，进而限制了对成功的渴望，最初的成功动机便扼杀在萌芽状态中。

赫那为了测定对人们成功的畏惧，开发出了其独创的方法，并对男女大学生进行测定，其结果发现，在女性的 90 人中有 59 人（66%）显示出对成功的畏惧；而在男性的 88 人中，显示出对成功畏惧的只有 8 人（9%）而已。由此可见，女性对成功的畏惧心理是一种普遍的社会现象，应该引起人们的广泛关注。

对此，著名女设计师蒋艳认为女人不一定要做男人一样的"强人"，但一定要做生活的强者。她说："你别拿我当女强人，那种人是要板着脸在办公室里发号施令的，我可端不出那架势。再加上我长得瘦小，没人拿我当女强人。""事业的成功令我有成就感，因为我真是拿事业当作一件事去做，我力求成功。我骨子里是个讲男女平等的人。男女有性别，应该是相互尊重这种性别之分。我的公司叫'合和'，英文名叫'HEANDSHE'，因为世界上只有这两种性别，区别很大，像三角和圆圈。但找一个恰当的位置，也可以把两者摆出和谐状态，只有保持这种和谐，才能把事情做好。""女人做事是不易，但我要说，真正妨碍女性发展的正是女性自身。"

细细品味，你就会发现蒋艳讲得很有道理。女性朋友对成功的畏惧心理，说明人们在观念上还存在着对成功的一种误解。她们认为女性成功就必须有一副冷冰冰的面孔，而收起女性特有的柔情似水；认为一门心思扑在事业上，就会影响家庭的和睦与温馨等等。在这些心理作用下，心甘情愿地主动撤出，去固守自己的一片天地而悠然自得，把事业上的辉煌完全、彻底地留给了男性，自己成了一名为他人的成功而喝彩的观众。事业的天空中，就这样少去了几颗耀眼的明星。所以说，作为女性管理者，千万不要让"成功导致失去很多东西"的畏惧心理限制了自己的发展。

女人不是弱者，在很多方面甚至于胜过男性。但是这需要职场女性付出自己的努力，勇敢地去挑战男性所霸占的职场领域和职场地位，开拓女性自己的职场天空！

[坚持到底，不轻言放弃]

要做出一番事业，女性不但要比男性具备更大的耐受力，而且更要有面对激烈的竞争和失败的打击，坚持到底，永不放弃的精神。

事实上，绝大多数女性成功的路并非通常人们想象的那样：沾了性别的好处或是被性别所累。从她们自身的心理角度看，她们反倒几乎没有什么强烈的性别意识，对自己的性别她们体现出一种认同，一种顺应天然，不事张扬，也不刻意排斥，她们大都依凭自身的能力和努力同男性竞争而获得成功。不过就整体社会环境来说，不可否认，依然存在着不少阻碍女性发展的不利因素，一个满怀梦想的女人想要在职场上获得成功，或者在自己的事业上实现大的发展，她要付出的努力和汗水常常比男人超出很多。

女人要在职场上取得更好的成绩，首先一定要对自己充满信心，自信是一切事业成功的第一要素，没有自信，哪怕再简单的事情都无法做得完美，而有了自信，你就能把许多困难视如平常，你就能把自己的本职工作做得超常出色。

世人皆知，日本人一向有严肃苛刻的特性，老板一瞪眼睛，职员都会吓得全身发抖，几乎吓得没有什么思绪去思考如何解决令他生气的问题。

林小姐在一家日资企业就职，对日本老板的严厉可以说深有领略。刚进公司时，她就十分害怕面对老板，可男同事就不一样，不管老板如何凶，他们表面上毕恭毕敬，实质上头脑里正迅速地寻找解决问题的方法，他们面部表情不像女同事那样诚惶诚恐，而是镇定从容、若有所思，不一会就及时找到了让老板大体满意的解决方案。

"男同事可以不怕老板，为何我要怕？大不了双向选择，凭什么要唯唯诺诺？"很快，林小姐就把自己训练得如男同事一般，在精神上不畏惧老板的火气，头脑急速运转，再也不像以前那样被老板吓成木头人。

日本老板对员工的仪表要求也近乎苛刻，服装整齐得体仅仅是最基本的要求，最难以做到的是，他要求员工必须有与外貌所匹配的精神状态，要昂首挺胸，目光凌厉。林小姐尽管相信外表是自信的最直接体现，可她曾一度非常苦恼，原因是她不觉得女人如此"目露凶光"有什么好。然而当她对着镜子练习，她发现，定定地直视镜子中的自己时，整个人气质都改变了。她突然间就领悟，女人在职业场中，常常并不是需要一双柔情大眼，更需要的是眼神的清澈犀利……后来，每次她跟老板说话的时候，眼睛都是直视对方的，她语调谦逊平和，可她的眼神告诉老板：我有足够的实力做好你委托我的每一件事情。结果会是怎样呢？林小姐的向来不苟言笑的日本老板，居然在公司年会上称赞她是"自信的女皇"。够扬眉吐气吧！

不存在做不好的事情，只有提不高的信心。职场女人完全能够做得跟男性一样好，甚至更好，只要你勇于面对一切，敢于自我挑战。实际上在生活中，若是刻意去找，任何人都会找到自己抱怨的事情，可作为女人，你要时刻警醒自己，你有男人没有的优势，也有男人所不具备的缺点，这一切要求你要自强不息。

所有蔑视困难，敢于向困难挑战的女人都是勇敢而又有魅力的女人，哪怕她们身处极度黑暗的世界，也要为自己承担起责任，她们不甘心过向人乞求的可怜虫生活，面对困难乃至挫败，她们始终不绝望，也从不去找任何一文不值的借口。

女人要谨记：假如你随波逐流，被动地接受命运的摆布，缺乏抗争不幸的巨大勇气，那么你终将毫无建树。

我有一位朋友，目前是一家美资公司的部门经理，一旦你和她一起交谈，你将会被她的幽默风趣和睿智干练所折服，然而，几年以前，她却完全是另外一种状态。

几年以前，她是一个内向寡言的女子。尽管一直羡慕那些在大会小会上都能口若悬河的男同事们，可她从内心里总觉得，作为一个女人，如果像男人一样话多，会很不体面，一定会给人留下好斗逞强的拙劣印象。因此，她总是在一切场合都保持缄默不言。

后来，她感到再如此下去会前途堪忧。职场中人，首先就是个标准的职业人，而不是性别差异上的男人或者女人。职业人掌握主动的话语权实在太重要了。你不妨看看，当今大公司的公关部门、团队领袖、企业人力资源部、高级管理人员等高薪而又实权在握的职位，几乎都是男性独霸着。他们几乎都拥有一流高超的口才，在一切场合都可以有绝佳并适宜的表现。

另外，她发现，跟自己一起毕业的同学，在相同的职员岗位上工作一段时间之后，有的要么外驻，有的要么升职。在一次月会上，部门经理突然问她有什么想法？她却结巴着说自己没有什么想法，结果第二天立马被炒了鱿鱼。

这件事对她的打击难以形容，由于她不善于表达，被误认为对公司的事情漠不关心，被辞退。她尽管委屈，然而她也明白，不是人家没给她机会发表自己的看法，而是她自己不敢说。当时，她狠狠发誓要像男人那样大胆地开口讲话。

后来，她真的做到了。不但做到了，而且在今天就职的这家美国独资企业，由于她总是能将自己的见解深入浅出地表述出来；由于她的话语幽默风趣，工作能力和个人亲和力都得到了极好的表现，因此，在企业的中层干部调整会上，她被破格升任部门经理。

别让你的性别观念左右你，在职场上，最根本的并不是性别之分，而是能力的高低之分！你要记住，不论什么企业的老板，他首先看中的是你各方面的能力，而不是看你是男性或是女性。你能够为企业创造更大的效益，你就是优秀的，你就会得到老板的赏识。明白这一点后，你就该摈弃你的抱怨，把全副身心灌注到你的工作上，如此的话，成功便向你一步步走来了。

职场修成之
做高效率的
有追求的员工

———— ● ————

③

　　好的工作方法有助于我们把事情做好、做到位，很多人之所以没有取得卓越的工作业绩，没能成为老板心中最优秀的员工，不是因为工作能力不足，而是工作方法平庸。陈旧的工作方法使他们遗漏了工作中看似平凡实则至关重要的环节。只有不断改进工作方法，抓住这些关键环节，才能把工作完成得尽善尽美。有计划，才有效率和成功。评估时间管理是否有效，主要是看你的目标达成的程度。时间管理最为关键的要素是目标设定和价值观；时间管理的关键技巧是习惯，你运用时间管理工具变成习惯了，什么就变得有序了，有效了；时间管理最大的难题是习惯，一个人的习惯太难改了！但人们在人性化工作、生活中，往往会迷失时间管理。这时关键是学会说"不"，对浪费时间的事情、不良习惯说"不"！

小事做全，
大事做好

如果你认为眼前的工作不值得你做，那么恐怕这世上就没有你认为值得做的事情了，只有把所谓的"小事"做好，你才有机会和能力做以后的大事，要知道，"不积跬步无以至千里，不积小流无以成江海"。

"不值得做的事情就不值得做好"这是著名的"不值得定律"最直观的表述。这个定律似乎再简单不过了，但它的重要性却常被人们忽视。不值得定律反映出人们的一种普遍心理：一个人如果从事的是一份自己认为不值得去做的事情，往往会抱持冷嘲热讽、敷衍了事的态度。不仅成功率小，而且即使成功，也不会觉得有多大的成就感。因此，当你选择工作时，应在多种可供选择的奋斗目标及价值观中挑选一种，然后为之奋斗。记住，一旦你作出了选择就要为你的选择付出百分之百的努力，这可以用一句俗语"选择你所爱的，爱你所选择的"来形容，只有这样才能不断激发自己的奋斗精神，才可以全力以赴地投入到工作当中，也唯有如此我们才能在工作中获得成就感与满足感，才能取得最大程度的成功。

工作是不分等级的，所有正当合法的工作都值得人们为之努力，所有为工作努力的人都值得他人尊敬。检查一份工作是否值得人们为之努力的标准，不是工作本身，而是人们对待工作的态度，只有态度端正，才能在工作中实现自己的人生价值，才能够向他人展示自己的成就。工作本身并没有贵贱之分，但是人们对待工作的态度却有高低之别，工作能否做好，关键取决于人的工作态度。如果一个人轻视自己的工作，实现上就是轻视自己，这样的人一定不会全心全意地为工作努力，更不会热爱自己的工作。

　　千万不要轻视自己所做的每一项工作，哪怕是一份普通得不能再普通的工作你也要全心全意地对待它。既然你选择了这份工作，那么这份工作就值得你全力以赴地去做。任何人都是从普通人、普通事做起的，如果你认为眼前的工作不值得你做，那么恐怕这世上就没有你认为值得做的事情了。只有把所谓的"小事"做好，你才有机会和能力做以后的大事，要知道，"不积跬步无以至千里，不积小流无以成江海"。如果一个人鄙视、厌恶自己的工作，那么他就永远没有成功之日。相反，如果一个人对自己的工作充满激情和热爱，那么他就会从工作中得到许多乐趣，他的人生就会因此而显得格外精彩。

不二之心，
卓越员工的准则

相对于才智和能力而言，卓越员工对公司忠诚的品质更吸引老板的眼球。只有对公司保持忠诚才能时时想到公司利益、处处维护公司利益，才能将自己的才能最大化地发挥到工作当中，为公司创造尽可能高的价值。而在这个过程中，员工的个人价值也将充分被体现出来，个人潜能也将得到最大程度的开发。

卓越员工的忠诚体现在所有行动当中，通常这种忠诚越是经得住困难的考验，最后获得的成功也就越大。缺乏忠诚度的员工对公司的危害要大大甚于能力平庸和有其他缺点的员工，甚至可以说，缺乏忠诚度的员工能力越强、才智越过人，其他优点越多，他对公司的危害就越大。正因为这样，公司在选拔和聘用人才之初，就特别注重对员工忠诚度的考验。任何一家公司都不会轻易任用一个缺乏忠诚度的员工，即使在某种情况下不得不用这样的员工，也不会对其产生信任，公司会采取其他监督、控制的方法来防止员工不忠诚行为的发生。

对公司忠诚、全面维护公司利益，事实上就是忠诚于自己的事业、维护自身的利益，这是卓越员工最基本的工作准则，这一工作准则在实际工作中主要体现为：工作主动、责任心强、积极维护公司利益等。对公司忠诚可以增强集体的竞争力和凝聚力，使公司更加兴旺发达，另外也可以锻炼员工个人的品质，提升自己的信誉，充分体现自身的能力和价值。

忠诚是卓越员工的首要特征，卓越员工忠实于自己的公司，忠实于自己的老板，与同事们同舟共济、共渡难关。因此他们将获得一种集体的力量，人生也将因此变得更加饱满，事业因此变得更加有成就感，工作因此成为一种人生享受。

卓越员工的忠诚体现在所有行动当中。通常，这种忠诚越是经得住困难的考验，最后获得的成功也越大。公司在发展过程中，也总是在有意无意地考验员工的忠诚度，谁更能经得住考验，公司给予他的回报就越大。

查理对自己的能力非常自信，他现在是某大公司的总裁，他说自己的成功一方面源自于高水平的能力，一方面则来自于对公司的忠诚。当初查理到公司应聘部门经理时，老板提出要有一个考察期。但没想到上班后被安排到基层商店去站柜台，做销售代表的工作。一开始查理无法接受，但还是耐着性子坚持了三个月。后来，他认识到，自己对这个行业不熟悉，对这个公司也不十分了解，的确需要从基层工作学起，才可能全面了解公司，熟悉业务，何况自己拿的还是部门经理的工资呢。

虽然实际情况与自己最初的预期有很大的差距，但是查理懂得这是老板对自己的一种考验。他坚持下来了，三个月以后他全面承担部门的职责，并且充分利用三个月最基层的工作经验，带领团队取得了良好的业绩。半年后，公司经理调走了，他得以提升；一年以后，公司总裁另有任命，他被提升为总裁。在谈起往事时，他颇有感慨地说："当时忍辱负重地工作，心中有很多怨言。但是我知道老板是在考验我的忠诚度，于是坚持了下来，最终赢得了老板的信任。"

忠诚是卓越员工的主要特质之一，也是成功的基础，一个对公司忠诚的员工，一定会获得老板的信任和赏识，他的事业也会在此基础上不断取得进步。

不计报酬，
做好每件事

在很多人的想法中，薪水是自己身价的标志。他们往往"理想远大"，刚出校门就希望自己成为年薪几十万元的总经理；刚创业，就期待自己能像比尔·盖茨一样富甲一方，他们只知向老板索取高额薪酬，却不知自己能做些什么，更不懂得从小事做起，实实在在地前进。

这些想法无疑是错误的，为此你不妨追查一下身边那些位高薪厚的人，看看他们的经历是怎样的。

道尼斯先生来到一家进出口公司工作后，晋升速度之快，让周围所有人都惊诧不已。一天，道尼斯先生的一位知心好友，怀着强烈的好奇心询问他这个问题。

道尼斯先生听后无所谓地耸了耸肩，用非常简短的话答道：

"这个嘛，很简单。当我刚开始去杜兰特先生的公司工作时，我就发现，每天下班后，所有人都回家了，可是，杜兰特先生依然留在办公室内工作，而且一直呆到很晚。另外，我还注意到，这段时间内，杜兰特先生经常寻找一个人帮他把公文包拿来，或是替他做些重要的服务。于是，我下了决心，下班后，我也不回家，呆在办公室内。虽然没有人要求我留下来，但我认为我应该这么做，如果需要，我可为杜兰特先生提供任何他所需要的帮助。就这样，时间久了，杜兰特先生就养成了有事叫我的习惯，这就是事情的经过。"

道尼斯先生这样做是为了薪水吗？当然不是。事实上，他确实没有获得一点物质上的奖赏，但是由于他的付出，他得到了老板的赏识和一个成功的机会。

只为薪水而工作让很多人缺乏更高的目标和更强劲的动力，也让职场上出现了几种不正常的现象：

1. 应付工作。他们认为公司付给自己的薪水太微薄，他们有权以敷衍塞责来报复。他们工作时缺乏激情，以应付的态度对待一切，能偷懒就偷懒，能逃避就逃避，以此来表示对老板的抱怨。他们工作仅仅是为了对得起这份工资，而从来没想过这会与自己的前途有何联系，老板会有什么想法。

2. 到处兼职。为了补偿心理的不满足，他们到处兼职，一人身兼二职、三职，甚至数职，多种角度不停地转换，长期处于疲劳状态，工作不出色，能力也无法提高，最终谋生的路子越走越窄。

3. 时刻准备跳槽。他们抱有这样的想法：现在的工作只是跳板，时刻准备着跳到薪水更好的单位。但事实上，很大一部分人不但没有越跳越高，反而因为频繁地换工作，公司因怕泄露机密等原因，不敢对他们委以重任。由于他们过于热衷"跳槽"，对工作三心二意，很容易失去上司的信任。

所以，一个人若只是专为薪金而工作，把工作当成解决面包问题的一种手段，而缺乏更高远的目光，最终受欺骗的可能就是你自己。在斤斤计较薪水的同时，失去了宝贵的经验，难得的训练，能力的提高。这一切较之金钱更有价值。

而且相信谁都清楚，在公司提升员工的标准中，员工的能力及其所做出的努力，占很大的比例。没有一个老板不愿意得到一个能干的员工。只要你是一位努力尽职的员工，总会有提升的一日。

所以，你永远不要惊异某个薪水微薄的同事，忽然提升到重要位置。若说其中有奇妙，那就是他们在开始工作的时候——得到的与你相同，甚至比你还少的微薄薪水的时候，付出了比你多一倍，甚至几倍的切实的努力，正所谓"不计报酬，报酬更多"。

假如你想成功，对于自己的工作，最起码应该这样想：投入职业界，我是为了生活，更是为了自己的未来而工作。薪金的多与少永远不是我工作的终极目标，对我来说，那只是一个极微小的问题。我所看重的是，我可以因工作获得大量知识和经验，以及踏进成功者行列的各种机会，这才是有极大价值的酬报。

事实证明，如果你不计报酬、任劳任怨、努力工作，付出远比你获得的报酬更多、更好，那么，你不仅表现了你乐于提供服务的美德，还因此发展了一种不同寻常的技巧和能力，这将使你摆脱任何不利的环境，无往而不胜。

别把自己当员工，提升你的竞争价值

如果你想取得像老板一样的成就，办法只有一个，那就是比老板更积极主动地工作。正所谓操多少心，做多大事，赚多大钱。

一般很多人认为公司是老板的，我只是替别人工作。工作得再多，再出色，得好处的还是老板，于我何益。存有这种想法的人很容易成为"按钮"式的员工，天天按部就班地工作，缺乏活力，有的甚至趁老板不在没完没了地打私人电话或无所事事地遐想。这种想法和做法无异于在浪费自己的生命和自毁前程。

英特尔总裁安迪·葛洛夫应邀对加州大学伯克利分校毕业生发表演讲的时候，提出以下的建议："不管你在哪里工作，都别把自己当成员工——应该把公司看做自己开的一样。"事业生涯除了自己之外，全天下没有人可以掌控，这是你自己的事业。你每天都必须和好几百万人竞争、不断提升自己的价值，精进自己的竞争优势以及学习新知识和适应环境；并且从转换中以及产业当中学得新的事物——虚心求教，这样你才不会成为某一次失业统计数据里头的一分子。而且千万要记住：从星期一开始就要启动这样的程序。

怎样才能够把自己当做公司老板的想法表现于行动呢？那就是要比老板更积极主动地工作，对自己所作所为的结果负起责任，并且持续不断地寻找解决问题的办法。照这样坚持下去，你的表现便能达到崭新的境界，为此你必须全力以赴。

[比老板工作的时间要长]

　　不要认为老板整天只是打打电话，喝喝咖啡而已。实际上，他们只要清醒着，头脑中就会思考着公司的行动方向。一天十几个小时的工作时间并不少见，所以不要吝惜自己的私人时间，一到下班时间就率先冲出去的员工不会得到老板喜欢的，即使你的付出得不到什么回报，也不要斤斤计较。除了自己分内的工作之外，尽量找机会为公司做出更大的贡献，让公司觉得你物超所值。比如，下班之后还继续在工作岗位上努力，尽力寻找机会增加自己的价值，尽量彰显自己的重要性，使自己不在工作岗位上的时候，公司的运作显得很难进行。

[抢先思考]

　　任何工作都存在改进的可能，抢先在老板提出问题之前，已经把答案奉上的行动是最深得老板之心的，因为只有这样的职员才真正能减轻老板的精神负担。工作交到老板手上后，他就不用再为此占用大脑空间，可以腾出来思考别的事情了。

　　事实上，能够做到这一点的人并不多。也许可以说，能长期有本事跟老板在工作上竞赛，而且有本事把对方击败的，也差不多可以够得上资格当老板了。

　　为此，要成为老板的心腹，即使不能每一次都比老板反应得快，但最低限度要有一半以上的次数不要让他比下去。老板在知道你不是他的对手时，就很自然地会对你信任起来，此所谓"识英雄者重英雄"，再棒的老板都需要有人才在身边的。

　　老板成功的原因就是一步步积累，从不满足。如果你想比他更出色，就应该时刻警告自己不要躺在安逸床上睡懒觉，让自己每天都站在别人无法企及的位置上，这样机会很快会垂青于你。

能够做到比老板更积极主动工作的人并不多，如果你能成为其中一员，当然会有很大收获。

工作效率决定
你的工作绩效

提高你的工作效率，可以让你更好地安排自己的工作时间，也可以在工作中脱颖而出，展现出你的工作能力。在绩效管理的框架中，每个管理人员都必须是自己时间的管理者，以提高个人的绩效。

[制定适用的工作计划]

对于技术与管理员工，制定计划的周期可定为一个月。但应将工作计划分解为周计划与日计划。每个工作日结束的前半个小时，先盘点一下当天计划的完成情况。并整理一下第二天计划内容的工作思路与方法。聪明的管理者会尽力完成当天的工作，因为当天完不成的工作将不得不延迟到下一天完成。这样必将影响下一天仍至当月的整个工作计划，从而陷入明日复明日的被动局面。在制定日计划的时候，必须考虑计划的弹性。不能将计划制定在能力所能达到的100%，而应该制定在能力所能达到的80%。这是由管理者工作性质决定的。因为，管理者每天都会遇到一些意想不到的情况以及上级交办的临时任务。如果你每天的计划都是100%，那么，在你完成临时任务时，就必然会挤占你业已制定好的工作计划，原计划就不得不延期了。久而久之，你的计划失去了严肃性，你的上级也会认为你不是一个很精干的员工。

[将工作分类]

分类的原则主要包括轻重缓急的原则，相关性原则，工作属地相同原则。轻重缓急包括时间与任务两方面的内容。很多时候管理者会忽略时间的要求，只看重任务的重要性，这样理解是片面的。相关性主要指不要将某一件任务孤立地看待。因为管理本身是一项连续性的工作，任务可能是过去某项工作的延续，或者是未来某项工作的基础。所以，任务开始以前，先向后看一看，再往前想一想，以避免前后矛盾造成的返工。工作属地相同原则指将工作地点相同的业务尽量归并到一块完成，这样可以减少因为工作地点变化造成的时间浪费。这一点对现场工作员工尤为重要。如果这一点处理得好，可避免在现场、自己的办公室、物资部、监理、业主及其他部门之间频繁接触。既节约了时间，又少走了路程，还提高了工作效率，何乐而不为呢？

[在规定的时间内完成约定的工作]

管理人员在接收工作任务的同时，都被要求在规定的时间内完成。时刻将时间与质量两个要求贯穿在完成任务的过程当中，并尽可能提前。将任务完成的时间定在提交任务成果的最后一刻是很不明智的，这与上面提到的计划的弹性是一脉相承的。因为，事情并非是一味地按个人主观设定前进。当应当提交的任务与临时的事项冲突时，就陷入了鱼与熊掌的被动状态。一个每次都能按期完成工作任务的员工，即使不天天加班加点，即使不显得终日忙忙碌碌，也会让主管觉得你是一个让人放心的人，而不是天天追问你工作的进度如何了。

[敦促过程管理者]

因为某项工作会涉及多个部门或是岗位，假如让你来组织这项工作，你会怎么办？由于这项特定的工作有很多中间环节，所以增加了协调的难度。管理人员在组织某项工作时往往只偏重于自己本身所应完成的职责，将工作传递到相关工作部门与工作岗位之后便听之任之了。这样，你会发现工作总是不能按时完成。在检查工作结果的时候，所在的中间环节又各自抱怨给予他的时间太短了，或者是某个中间环节耽误的时间太久了等等。而工作结果只有一个，那就是你没有按期并且保证质量地完成工作，你的业绩等级被打了折扣。所以作为一名管理者，要把握工作的完整性。在事先给定各个中间环节完成工作时间的同时，要经常关注他完成的质量与进度，以免其中的某个或是某些环节影响整体工作进度。所以，作为一名组织者，你的职责不仅仅是将文件传递出去，更重要的是敦促你的中间环节处理者按你的要求及时完成分管职责。

有效地管理时间可以大大提高工作效率，所以对于时间管理的方法研究是永恒的，因为每个人只有有效地管理自己的时间，才能有效地提高自己的绩效。

做你工作时间的 管理者

要提高工作效率，就要掌握好时间，利用好时间，管理好时间。要掌握时间最好的方法，就是要先从避免时间的浪费做起。人生的每一件事情都跟时间有关。经理人对时间管理这个工具在自己走向成功的历程中，应扮演什么角色是明白的。

一谈到时间管理，多数人都会想到：一是在工作上如何有效地利用时间。这方面有很多相关书籍及专家的建议，比如写工作计划，用 ABCD 列出每天要做的事的优先次序然后遵照执行；运用 80：20 原则；提高工作效率等。二是在业余时如何有效地利用时间用于学习或工作。

其实，这样理解时间管理这个工具是错误的。你进行时间管理，应该涉及人生的八大领域，而不仅是某一两个领域。这八大领域是：健康、工作、心智、人际关系、理财、家庭、心灵思考、休闲。

时间管理就是耕耘你自己。时间管理实际上是你把有效的时间投资于你要成为的人或你想做成的事。你对什么进行投资会收获什么，你投资于健康就会在健康上收获，你投资于人际关系，你就会在人际关系上有收获。尽管我们总觉得时间管理应该主要是与工作相关，但你的时间分配还是必须涉及到八大领域，这才是对你最好的结果。比如在休息日，你也许该在家庭、健康、休闲上有更多的时间分配，而不是用于工作。

关于如何在工作、学习这两个领域上进行时间管理，你可以轻而易举地找到非常有参照作用的原则和建议，你不妨根据这些步骤执行或反思自己的时间管理，你将会取得一定的成效。

然而，经理人在时间管理上的最大误区是对时间管理目的性不清楚。时间是过去、现在、未来的一条连续线，构成时间的要素是事件，时间管理的目的是对事件的控制。所以，你要有效地进行时间管理，你首先必须有一套明确的远期、中期、近期目标；其次是有一个价值观和信念；第三是根据目标制定你的长期计划和短期计划，然后分解为年计划、月计划、周计划、日计划；第四是相应的日结果、月结果、年结果，及每个结果的反馈和计划的修正。这个过程实际上是一个循环，即 PDCA 循环。

你在进行时间管理时，要特别注意几点：

时间管理与目标设定、目标执行有相辅相成的关系，时间管理与目标管理是不可分的。你的工作、事业、生活等目标中，每个小目标的完成，会让你清楚地知道你与大目标的远近，你的每日计划是你的压力和激励，每日的行动计划都必须结合你的目标。

在时间管理中，必须学会运用 80∶20 原则，要让 20% 的投入产生 80% 的效益。从个人角度看，要把握一天中的 20% 的经典时间用于你的关键的思考和准备，这你可以根据你的生活状态、生物钟来确定你的 20% 经典时间是哪个时候。

在工作中要学会授权。你也许没有必要事必躬亲，有些事情可以安排更适合的人来做，或者一个团队分工合作，让大家的工作成效最高化。

要分析浪费时间的原因，学会珍惜时间。如果感觉自己的时间不够用，就要好好分析自己的时间到底花在哪里了，是真的工作任务繁重还是自己浪费在很多不必要的琐事上了。比如很多人每天一开电脑就看看天气，然后浏览一下新闻，一转眼一个小时就过去了，工作却还没有开始。

有计划，才有效率和成功。评估时间管理是否有效，主要是看你的目标达成的程度。时间管理最为关键的要素是目标设定和价值观；时间管理的关键技巧是习惯，你运用时间管理工具变成习惯了，什么就变得有序了，有效了；时间管理最大的难题是习惯，一个人的习惯太难改了！但人们在人性化工作、生活中，往往会迷失时间管理。这时关键是学会说"不"，对浪费时间的事情、不良习惯说"不"！

展现自我，
也是一种能力

　　每个员工都有自己的上司。如果你的工作完成得很好，你的业绩也不错，但你的上司却有可能不喜欢你。因为你只知道埋头做自己的工作，却不注意上司怎么看你。所以，不管你是什么样的职员，都要知道怎样让你的上司喜欢你，器重你，提拔你。想要获得这样的效果，你可以依照下面提供的建议去做：

[主动报告你的工作进度]

　　上司的心中往往有些疑虑：下属每天好像都很忙，但又不知道他们在忙些什么，又不好意思经常去问。因而做下属的一定要主动报告自己的工作进度，让上司放心，不要等事情做完了再讲。有时小小的一点错误，发展到后面就会变得很大，所以最好早早地向上司汇报你的工作进度，一旦有错误，他可以及时地纠正你，避免犯大错误。

　　作为一个下属，你有多少次主动向上司报告你的工作进度？须知，经常地向上司报告，让上司知道你的工作进度，让他放心，才能让他继而对你产生好感。对上司来说，管理学上有句名言：下属对我们的报告永远少于我们的期望。可见，上司都是希望从下属那里得到更多的报告。因此，做下属的越早养成这个习惯越好，上司一定会喜欢你向他报告的。

[回答上司的询问时要做到：问必答，答必详]

许多员工在回答上司问题时不太注意回答方式，一些回答方式可能让上司暗地里觉得受不了。"张小姐，昨天下午说过的那个报表今天一定要交给我。""知——道——了，老——总，你没看到我在写吗？"如果下属这样子回答上司的问题，上司可能当时不说，但一定会非常不喜欢。也许就因为那天你的言语让他不舒服，导致他对你心生厌恶。

如果上司问你话，一定要有问必答，最好还是问一句，答三句，让上司清楚地了解情况。你回答的比上司问的要多，可以让上司放心；若你回答的比上司的问话还要少，则会让上司忧虑，这不是一个员工聪明的做法。

回答上司的问题时，有一件小事不能随便。上司进来问我们话时，我们立即站起来回答是基本的礼貌，很多人没有这种习惯，上司问话时依然稳坐钓鱼台。这一点，日本的公司员工做得很到位。日本上司在问下属问题时，下属通通都是马上站起来回答。通常我们中国的员工对上司讲话不够礼貌，更不要说有问必答而且清楚了。这虽然是个小细节，但想要让上司喜欢你，满意你，还是在这上面不能随便地。

[学习上司的能力，了解上司的语言]

做下属的，脑筋要转得快，要跟得上上司的思维。你的脑筋会不会转得比你上司快？一般不会，那你要不要去努力地学习？肯定要的。

今天他能有资格当你的上司，肯定有他自己的一套方法，有比你厉害的地方。因此，你不仅要努力地学习知识技能，还要向你的上司学习，这样才会听得懂上司的言语。当他说出一句话时，你能知道他的下一句话要讲什么吗？这就需要你知道他的言语，能够跟得上他的思维。若不努力地学习上司的优点，那当你的上司已想到十年之后的发展宏图，你才看到下个月的计划时，你跟他的差距就会越来越大，此时，想要他重用你、提拔你是不可能的事情。

不想当将军的士兵不是好士兵。做下属的想超越他的上司，是非常可贵的精神。员工想要超越自己的老板却并非易事，想要超越自己的老板，首先要学会老板的本事，然后再谈超越。你若连老板的那一套都没有学会，何谈超越呢？因此，一名优秀的员工要不断地学习，学习你的上司，不断充实自己，才会提升自己，获得上司的赏识和提拔。

[知错就改，不犯同样的错]

一个经典的故事。日本一家电器公司的老板准备物色一位职员去完成一项重要的工作，在对众多的应聘者进行筛选时，他只问一个问题："在你以往的工作中，你犯过多少次错误？"他最终把工作交给了一个犯过多次错误的员工。开始工作前，他交给该员工一本《错误备忘录》，嘱咐道："你犯过的错误都属于你的工作成绩，但是你要记住，同样的错误属于你的只有一次。"这说明，上司会给员工犯错的机会，但总是不希望下属犯同样的错误。

人非圣贤，孰能无过？员工也一样，不论多么优秀的人也肯定是要犯错误的，只有无所事事的人才不会犯错。聪明的员工的可贵之处是能在每次犯错误之后，接受教训，及时总结经验，同样的错误绝不犯第二次。但一个人要真正做到不犯二次过错，其实是非常不容易的事情。一个人犯第一次错误叫不知道，第二次叫不小心，第三次叫故意。不要以不小心作为犯错误的借口，更不能故意去犯错误。如果你能对你的上司说："老板，您放心，这是我第一次犯这个错误，也是最后一次。"那你就非常不简单了。不过你能够说到做到吗？如果能，那你的上司会相信你的毅力，认同你的素质，进一步地赏识你。

[了解上司的处境，尽力帮助他]

上司在工作中出现失误时，千万不要持幸灾乐祸或冷眼旁观的态度，这会令他极为寒心。此时的你应该帮他总结教训，多加劝慰。持指责、嘲讽的态度易把关系搞僵，使矛盾激化。己所不欲，勿施于人。当你犯错、失败的时候，也是希望得到别人的帮助、劝慰而非冷嘲热讽甚至落井下石吧？你的上司也是如此，如果你能体谅上司的处境，并且在他需要的时候伸出援助之手的话，你定会得到上司的信任，以后也会对你另眼相看。

[接受任务时毫无怨言]

最完整的人事规章，最详细的职务说明书，都不可能把人应做的每件事都讲得清清楚楚，有时会临时跳出一些事来，下属会临时接受一个工作任务。假如公司一位重要的客户要过来，为表诚意，公司要派人去接他。这是临时的事情，职务说明书里是不会有的。那么被派的人如果说："凭什么要我去？我已经下班了。当时我来时，你们有没有讲过要这样做？"如果你这样子去计较，你在一个组织里是很难出头的。临时的事是一定要有人做的，你要一口答应，一肩挑起。最难的是：要毫无怨言。如果你毫无怨言地去做，你的上司会非常地感激你，他即使当时不说，也会利用另外的机会表扬你、奖励你、回报你。

人不要太斤斤计较。中国有一句话：吃亏就是占便宜。这是很有道理的，因为你在一个地方付出了，会在别的地方得到回报。一个公司的成功要靠全体的努力，你要毫无怨言地接受任务。

[对自己的工作主动提出改善意见]

这是最难做到的事情。如果你的上司说："各位，我们来研究一下，工作流程是否可以改善一下？"严格说来，这样的话，不应该由你的上司来讲，而应该由你说出。所以每过一段时间，你应该想一下，工作流程有没有改善的可能？如果你才是你所干工作的专才，而你的上司不是，却由他提出了改善计划，想出了改善办法的话，你应该感到羞愧。

你敢说你的工作流程都很完善？事实上，任何一个工作流程都不是十全十美的，都有改善的可能。最糟糕的是大家都无所谓，安于现状，不对它进行改善。一个组织没有进步，这点做得不好是重要的原因。大家都不想改善，而你却做到了，你就同他人不一样，上司也会喜欢你，看重你。

[了解上司的喜好]

无论是谁，都会喜欢听别人说一些赞美的话。你的上司也不可能摆脱这种情绪。部下要了解上司的喜好，倘若你在汇报中插入一些上司平素喜欢使用的词，就会让他另眼相看。此外，对上司的工作习惯、业余爱好等都要有所了解。如果你的上司是一个体育爱好者，你就不应在他的球队比赛失败后，去请示一个需要解决的其他问题。一个精明老练、有见识的上司是欣赏了解他，并能知道他的愿望与心情的下属的。

职场红人的品质

每个人都希望得到老板的器重，成为他身边的红人。对于下属来说，能成为他身边的红人，就意味着他非常器重你、把你看作是他的心腹，这样的人也许能很快得到老板的提升。美国卡内基梅隆大学教授凯利研究来自全美顶尖企业的200位明星员工的工作行为模式后发现，红人并非天生好手，而是经过反复操练培养他们的一些特质，使他们从普通员工变成明星员工的。这几种品质分别为：

1. 忠诚；

2. 做事积极主动，善于表现自己；

3. 替上司分忧；

4. 善于表达沟通，主动找老板交流；

5. 具有良好的人际关系；

6. 随机应变。

忠诚在古代，天子们就非常强调下面大臣对他们的忠诚，忠诚的大臣很容易得到皇帝的信任，也会得到很好的名声。不仅是君臣之间，老板与下属之间也需要忠诚。上司一般都把下属当成自己人，希望下属忠诚地跟着他，听他的指挥。忠诚、讲义气、重感情，经常用行动表示你信赖他、尊重他，便很容易得到上司的喜欢。一个员工若能在一家公司待上五年以上，对公司整体运作较熟悉，就比较容易培养出对上司的忠诚，较有机会成为老板的好帮手。因此年轻人不要轻易离职，最好具有从一而终的态度，才能深获信任。尽忠职守，做好本职工作，即使工作再辛劳，也要保持无怨无悔的态度。做事积极主动，善于表现自己在变迁快速的职场中，空有专业技术不见得就能保住工作。还应该让公司知道你可以做些什么。即使你是一个成就非凡的人，也不要指望被别人发现或者认识。为了取得进展，你得让人们知道你是谁，你做了些什么。我们不能只等着老板给我们分派工作，而是要积极主动地去做事，让别人了解你的能耐，知道你的才华。替上司分忧人生难得机遇，不要错过自我表现的好机会。

当某项工作陷入困境时，你若能大显身手，帮上司排忧解难，会让你的上司格外器重你。例如，你可以为上司的错误公开承担过失。上司犯错误，作了错误的决策，但你作为上司的属下，有职责提醒、告诉他。当上司本人在思想、情感或者是生活方面出现矛盾时，若能妙语安慰，减轻上司的负担，也会令其格外感激。

[善于表达沟通，主动找老板交流]

沉默寡言，严格信奉权威，不愿听取建议，害怕"出人头地"，与主流群体的人们无法和谐相处，如果你想使自己更引人注目的话，这些就是你必须克服的心理障碍，否则的话。你就无法让别人了解你。

上司要了解下属，下属也要接近上司，这是正常的人际交往，不必因为担心别人的议论而躲避上司。只有你让上司看得见，上司才会喜欢你，看见你。要赞扬上司的某些特点。上司也是人，也需要别人的评价，了解自己的成就以及自己在别人心目中的位置。当他受到赞赏时，自尊心会得到满足，并对他人的称赞表示好感。下属喜欢上司，上司自然也喜欢下属了。

[具有良好的人际关系]

结交朋友，建立社交圈，寻求前辈的指导，对每个人来说都是基本的职业技巧。建立人际关系网不仅要和相同工作领域的同事打成一片，关键更在透过信息交换，与公司以外的专业人士建立起彼此信赖的沟通管道，以减少在工作中碰到的知识盲点。这个以专业知识为主轴建立起的人际关系网，可让你比同僚们更迅速地掌握信息，增强工作的主动性。

最后成功的局外人都认为，必须让主流文化的人们能和你自然相处。你必须放下架子，充满自信地参与社交活动，接受对你表示友好的人们的提议。和上级、平级、下级都要搞好关系。首先，对上级充分尊重，高度服从；注意维护上级的权威。要充分理解上级的苦衷，多提合理化建议。其次，对平级要互相尊重，多看人家的长处，不排斥对方，不埋怨责怪。再则，对下级也要爱护，平易近人。善于倾听建议和批评，充分发挥他们的积极性和创造性。

[随机应变]

随机应变就是根据新情况、新问题，及时调整原来的思路和方案，采取相应的对策。随机应变、做事机敏是一个非常可贵的品质。处理老板的公务或私事，要能随机应变，切忌粗心大意或因小失大。

1988 年春季，全国钟表订货会在山东济南召开，订货会开了两天，商家只是看货问价，就是不订货。然而，第三天一大早，所有上海表突然降价 30% 以上，有的品种竟降到了一半。各厂大员们措手不及，纷纷打电话回厂请示，又是开会研究，又是报告请示，待决定降价时，已过去了好几天。晚了，上海人早把生意给做完了。

　　总之，老板手下的红人必定是诚信可靠且具备良好沟通能力及拥有专业技能的人，他们扮演老板的左右手或第三只眼，随时随地为老板搜集民意及信息情报，供老板做经营的分析判断。在此必须特别强调说明的是，老板的得力助手绝对不是指那些只会做表面功夫、逢迎拍马的人，他们还是具有一定的能力的。如果想成为老板手下的红人，就应该具有红人的品质。

工作成效取决于你的工作方法

好的工作方法有助于我们把事情做好、做到位，很多人之所以没有取得卓越的工作业绩，没能成为老板心中最优秀的员工，不是因为工作能力不足，而是工作方法平庸。陈旧的工作方法使他们遗漏了工作中看似平凡实则至关重要的环节。只有不断改进工作方法，抓住这些关键环节，才能把工作完成得尽善尽美。

[主动汇报自己的工作情况]

接到一项任务后，不管工作成效的好坏，都不要在老板问起时才汇报，这样的态度很糟糕。工作汇报应该是随时进行的，尤其是发生变动和异常情况时更应及时汇报，这是员工的天职，也是常识。

有些人总是在老板问起"那件事进行得如何了"时才会汇报，这样显然是不行的。作为一名下属，要尽量在老板提出问题之前主动汇报，即便是要花费很长时间才能完成的工作，也应该在中途提出报告，让老板了解工作是不是依照计划进行了，如果不是，需要做哪些方面的调整。这样一来，即便工作无法依原计划达成目标，让老板知道经过原委，才好采取有效的补救措施，减少损失。

即使只出差两三天，在中途也应该打电话或发电子邮件向老板汇报工作进行的状况，这样一方面有助于老板了解你的工作进展，另一方面还能得到老板的建议和指示，更有利于你把事情做好。

在你准备做一件事时，应提前向老板作一下汇报，在做事过程中为了不让老板忘掉，可以不断地汇报工作的进展情况，老板肯定会认为你是一个很有责任感的人。

当你的工作已经取得了初步的成绩，即将进入一个新的工作阶段时，主动向老板汇报自己前一阶段的工作和下一步的打算，是十分必要的。这可以使老板了解你的工作成绩和将来的发展，并给予必要的指导和帮助。如果你不主动汇报，老板就会觉得你不称职。

工作中遇到关键的问题，多向老板汇报和请示是下属做好工作的重要保证。聪明的下属善于主动向老板汇报和请示，征求老板的意见和看法，把老板的意见融入到工作中去，更快更好地完成工作。

汇报对接受指示、任务的人来说，是一种应尽的义务。汇报的好坏，也会使一个员工的评价受到影响。

实际上，多主动向老板汇报，接触多了，还可以让老板知道你的长处和优点。这对你的个人发展显然是很有好处的。

无论从哪一方面说，不及时汇报的人都不是老板所喜欢和器重的，这样的员工也是难以取得成功的。

[向上司请教前，事先想好问题的解决方法]

在工作中，我们常常会向上司请教一些问题，这些问题有些是我们难以解决的工作难题，有些是我们不敢自作主张的"大事"，但是不管遇到什么情况，都不要在未加思索之前就匆忙呈上去。

因为当你向上司请示"这件事该如何处理"时，上司可能会反问你："你觉得怎样解决才是最好的呢？"如果没有任何准备，你可能会不知所措，无法回答，或者支支吾吾、毫无逻辑。这样做就等于告诉上司，你没有进行思考和判断，缺乏独立工作的能力。对于一个职场中人来说，这种不负责任的态度是非常要不得的。

所以，向上司请教之前，心里一定要好好思考一番，有了自己的看法再去向上司请示，以便上司问及时能够从容不迫地回答，这对树立你在上司心目中的良好形象会起到积极作用。在思考解决办法前，针对问题要想办法搜集有关工作的正确情报，然后整理、分析，以保证你的回答有很高的利用价值，能够得到上司的认可。

不要害怕上司驳回你的看法。要耐心地倾听上司的分析和结论，找出自己思考方法和深度方面的不足。多次与老板进行这样深层次的沟通，有利于你从公司的大局出发，了解上司的思考倾向，久而久之自然能了解上司的想法，下次再遇到类似的问题时，就会考虑得更周到了。这是一个人磨炼自我，取得进步的好机会。

如果每次上司向你询问问题的解决方案时，都能看到你充满自信的面容；听到你见解独到的回答，相信你的发展前景一定会很乐观。因此，任何时候，抢先思考对职业人士来说都是十分重要的。

工作中，免不了要写报告、做方案，有些人辛辛苦苦、倾尽心血做好的工作报告、方案，到头来得不到老板的认可。这是什么原因呢？原来他们忽视了一个关键点，在给老板的报告里，没有预备一份简短的概要，以便老板快速地浏览。

有一个职员，他写的报告十分详尽，可每次将报告呈给老板时，老板总是随意地翻一翻，不置可否。这个职员很是不解，为什么明明写得很好的报告却得不到老板的认可呢？

后来，一个在职场打拼多年的成功人士提醒他："你的报告写得好，如果附上一份简短的概要，那就能行得通了。"

这个职员懂得了这个道理，以后在写报告做方案时，就附上一份简短的概要，他的报告果真就很容易通过了，很容易得到老板的认可了。这就是简短概要的威力。

作为一个老板，他一天的工作已经够忙碌的了，根本没有足够的时间仔细阅读报告方案。如果你在给他的报告里附上一份简洁的概要，老板接到你的报告时，能够先阅读这份概要，通过阅读这份概要，他就能节省时间，迅速知道你的报告内容，快速作出决策。

如果你没附上概要，由于老板事多人忙，加之讲求效率，往往无心细看，很多时候还会产生一种厌倦感，你辛辛苦苦做出的报告就有可能被老板否定，甚至变成一卷废纸，自然难以得到认可。

另一方面，概要本就是报告的不可或缺的一部分，就像每一本书都应该有一个准确的目录一样。没有概要，这个报告就是不完整的。把一份不完整的报告扔给上司，当然是一种不负责任、做事虎头蛇尾的表现，自然会让上司反感，因此，在给老板的报告里预备一份概要是把事情做到位的关键。

概要就是报告中重要内容的缩写，如此，老板在有限的时间内就知道你报告中里传达的内容。老板因此还会认为你是一个精明且有心的人，从而肯定你的工作能力，也许某一日，会把晋升的机会摆在你面前。

让老板知道你的工作进展

怎样汇报工作，对于女性的职业发展和提升的作用可谓至关重要。

有些下属很不重视汇报工作；常常有疏于汇报工作的行为。因为他们很可能会认为：工作太忙没时间进行汇报；或者认为那些工作本来就是职责内的事，没必要汇报；再不就是因为自己这段时间心情不好，从而忽略了汇报；有时甚至是害怕汇报……

有的老板也许不大计较，比较宽容和体谅下属；但有的老板就比较认真，甚至比较小心眼，一旦下属疏于汇报工作，他就可能会想到一些不好的方面，比如，他有可能会认为：这些下属是不是认为我不行看不起我？是不是这些下属不买我的账？是不是这些下属要联合起来架空我，等等。一旦他的这些猜测渐渐成了某种确定，一有机会他就会利用手中的权力来"捍卫"自己的"尊严"，如果这时；再有什么小人从中作祟，或有什么事情触发了他的这种猜疑，下属可就要倒霉了。

因此，在工作中，老板往往会与下属形成一种矛盾：一方面，下属都想在不受干扰的情况下独立做事，而且能被完全信任，希望老板能充分放手，给自己更多的自由，自主安排工作。另一方面，老板对下属的工作总是不放心，担心出问题，时时想监控工作的进程。

事实上；对于下属来说，老板才应该是矛盾的主体，因为老板掌控下属的经济命脉和发展机会，下属对老板有着更大的依赖性。在下属和老板的关系中，老板总处在主导的地位。他决定着和改变着下属工作的内容、范围，甚至工作职责。在这种情况下，要解决上述矛盾，下属就必须遵从老板的意愿，凡事务汇报，勤汇报。尤其是那些有着资深地位，能力又很强的下属，就更要小心应付老板的一些心理障碍。

要记住：只要下属是下属，就只能在老板的支持和允许下工作，如果没有这种支持和允许，就无法开展工作，望莫说创出业结了。

因此，对于老板，下属要特别注意让他觉得自己能够控制住一切局面，一切都在他的监控之下。而让老板有这种感受的最可行的方式，也是最简单的方法就是：

1. 完成工作时，立即向老板汇报；

2. 工作进行到一定程度，必向老板汇报；

3. 预料工作会拖延时，及时向老板汇报。

[善于向老板汇报工作]

争取向老板汇报工作，这固然是一个突出自己的好机会。但也要掌握其中的技巧，善于汇报，不然就有可能会适得其反。

向老板汇报工作的时候，要讲场合；讲时机，讲惰绪，还要讲方注。下属应当知道，如果在一个不适于汇报工作的场合或时间向老板汇报工作，很可能会让老板觉得枯燥乏味，还破坏了老板做其他事情的兴致；然后觉得汇报工作的这个人不识趣，好像生怕别人不知道他做了什么，抓着点机会就要大加宣扬；简直就是有些不着调。

因此，当你的老板说："你真叫人伤脑筋。"这句话的时候，你就要小心了。他的意思是指你的工作能力不强，也不一定是说你工作业绩不好。相反，你的工作能力可能很强，工作业绩也很突出，但却可能在其他方面，特别是在一些小问题上不注意，让老板感到不安，或者让他感到不耐烦，从而失去了他的信赖。

这些情况。在现实中不是时有发生吗？会出现这种问题的原因在于，下属的工作驾轻就熟，但却忽略了老板的立场。在向老板汇报工作的时候，不注意照顾老板的情绪，不擅于抓住适合的时间、场合进行及时的汇报。

[汇报用语要简洁而有重点]

向老板汇报工作的时候，通常都会备妥文件说明，接着就要发表出来。这时候；最忌讳的就是讲话拖拖拉拉。有的下属认为只要是重要的文件，讲起来就很费时，否则讲不清楚，其实并非如此，如果能掌握住问题的核心，说明一份文件只要一分钟就够了。冗长的说明就表示拘泥于细节，而未能掌握住事情的本质。在进行文件说明之前；先做一个一分钟范围内的演讲词腹稿，这样就可以节省时间；对用词也可以有比较充分的时间去选择，找出最恰当准确的词来进行表述，从而增强自己的表达能力。

老板的时间都很宝贵，他会对冗长的说明会表现得很不耐烦。如果下属能在一分钟的时间内，准确恰当地说清汇报的主旨，老板就会觉得这个下属很有能力，善于抓住问题的要害；又很抓紧时间。在这种情况下，下属所汇报的内容和重点也比较容易被老板清楚地掌握，一旦他觉得这个建议是合理的，他很容易就会接受。如果他不赞同这个建议，下属也不会因为浪费了他太长的时间而引起他的不快。相反，他还会觉得这个人干脆，不拖泥带水。以后再向他提建议时，他也很乐意倾听。

一般而言，平常人讲话，其速度一般以一分钟三百字为最佳标准。比这个速度慢就会显得过于拖拉，容易引起老板不耐烦的情绪，没兴趣继续听下去。如果讲话速度较快，就一定要在段落之间稍作停顿，否则，一口气滔滔不绝地说下去，别人就很难把握住你讲话的重点，听得云里雾里，不知所云。因此，下属讲话的时候千万要注意把握语言速率。

大展宏图，晋升有道

一天，一名叫丽丽的女下属匆匆走进经理的办公室，一屁股坐在椅子上。她在公司客户服务部工作。几周来，客户们纷纷来电话抱怨货物发运有误，弄得她应接不暇。她对这种情况感到厌烦透了，要求经理采取点措施，不然她准备辞职了。

"好吧，丽丽。"经理像往常一样说，"我会搞清楚是怎么回事的。"

但是经理却由此看到了丽丽是个"小人物"，不想承担更多的责任，只想清闲。所以丽丽永远没有晋升的希望。

专家指出，如果女性要想在事业上大展宏图，不断进步，下面几条准则不可不知：

1. 女性要独立自主地解决问题

工作中，人人都会遇到问题，关键在于你怎么办。作为女性，如果采取"小人物"的态度，无异于在告诉别人，你不打算承担更多的责任。倘若丽丽走进经理的办公室时，是带着解决问题的办法而不是问题本身，她也许会使自己成为被晋升的候选人。专家的忠告是：靠自己解决问题。因为解决问题会显示你的才干，又是给公司做出重要贡献的机会。事实上，不少晋升机会都是由那些聪明的下属能干超出其职责范围的工作时创造的。女性你必须知道没有什么比解决难题更能打动老板了。

2. 女性别把资历当晋升的资本

这些年来，绝大部分下属都相信：只要胜任本职工作，资历一长，就够格晋级或提升了。这种想法不完全对。工作干得好并不一定会使某人得到晋升。老板期望人人都埋头苦干，做好本职工作。重要的是，要他们出人意料地完成工作。老板绝不会因为下属昨天有效率而提升他们。他们提升下属，是因为他期待他们明天有效率。老板们不是把提升作为对昨天成就的奖赏，而是把它当做达到明天目标的途径。一旦老板认为你不能胜任新的工作，你纵然累死累活也不会得到升迁。

3. 女性要创造机会

不要迷信"机不可失，时不再来"这句老话；机会永远都是存在的，问题在于它往往转瞬即逝。除非知道自己确实难以胜任，否则你就应该乐意地接受更多的工作和责任，并相信自己终将驾轻就熟。如果老板问："你认为自己能够处理好一件新的工作吗？"你应当毫不犹豫地回答："当然。"这样，就会为自己创造更多的晋升机会。

4. 女性不妨在工作中保持适度紧张

要使自己在工作中经常感到适度的紧张。工作负荷很满，人手不够，往往更能锻炼出人才。在出人才的工作单位，往往是工作多而人手少，这样，每个人的负荷就加大了，每个人都干着稍稍超过自己能力的工作。这就形成了一种必须自己去经受锻炼、克服困难的环境。然而真正能够造就人才的正是这样的环境。不断地工作，才是人才发展绝好的土壤。

而且，国外学者指出，适度的紧张生活使人感到快乐。如果你看到一个真正快乐的人，你会发现他正在造船、写交响曲、种花，或在戈壁沙漠找恐龙蛋。他不会像找滚到沙发下的纽扣那样去找快乐，也不会把它当做一个目标那样去追求。他只是发觉自己因为 24 小时都忙碌地活着而快乐。

5. 女性要立足后再求发展

女性要知道人们所以能够获得报酬，是因为他们能够做些什么，而且在市场经济下有一种必然的现象，人们由于能够干某些使价值大量增值的事而获得很高的报酬。这意味着，医学、法学、金融、创作流行歌曲或别的什么职业将有助于人们改善自己的境况，或者赚到大钱，或者使自己感到愉快，或者从中学到一些东西等。

作为女性如果你的目标是在钱财上获得成功，你就必须实实在在地去生产或创造别人想要的东西，而不应将其仅仅停留在你的梦想之中。那么，首先你就必须先让社会接纳你，给你提供必要的生活和工作条件，然后才能考虑发展问题。

随着市场经济的深入发展和生产效率的大幅度提高，目前下岗的问题又摆在了不少女性面前，如果你目前没有工作，该如何做呢？首先，要提醒你的是，必须调整自己的期望，先把再就业作为一种谋生的手段，而不能指望一步登天，一定要藉此寻求更好的发展机会，这时，聪明的女性应该确定的目标是先生存、后发展。不要认定某一种工作就是某一类人干的，因为如果仅仅是为了解决吃饭，别人能干的你也一定能干。待解决了温饱问题以后，再谋求更好的发展。

另一个例子是，春娟是刚从大学毕业的计算机系研究生，进入公司后发现公司里人才济济，和她学历相仿的人也不少，看来提升的希望是很小的。于是她发挥自己在大学里的计算机专业知识的特长，使公司生产效率一下提高了不少，并且对同事在工作上的请教有求必答，热心帮助别人。她不仅赢得了领导的赏识也受到同事们的欢迎。不久，春娟就被老板提升为业务副主管。

职场上的每个女性都期望获得加薪、升职的机会和其他工作报酬，至关重要的因素却是你所显示的非凡的工作能力，以及你与老板的良好关系。如果这两者你都具备了，那么工作顺心，加薪、升职不成问题。女职员怎样获得老板的青睐呢？以下六点建议可供借鉴：

1. 明白老板的真正意思

大部分女性都是有心的女性，比较善于聆听老板的话，并领会其含义。所以，女性在做事情时，首先要让老板知道你热切地期待他的事业成功。为此，你可以在他面前不时谈论他的抱负或目的，并尽力做一切有助于其达到目的的事情。你的职责就是帮助老板实现他的真正意图。但老板的意图是什么呢？有时候答案很明了，有时候你就得花点脑筋。

小红是一家电脑公司的销售代表，她很满意自己的销售业绩，不止一次向老板解释，她为说服一家小电脑商买公司产品费了多大劲。但老板只是点头微笑而已，然后告诉她："你怎么不多考虑一下那些一次就订300台的大主顾呢？"小红恍然大悟，从此她开始把注意力从小主顾转到大批发商身上，使生意做得更大。

2. 做老板的参谋

没有女性喜欢拍马屁，但她们又认为不拍马屁似乎就不能得到老板的赞赏。其实，用不着拍马屁，你也可以在各方面显示你的忠诚。小梅是一位负责国际市场业务的副总经理的助手，有一天接到一个紧急任务，根据老板的指示赶制一份图表。制图表时，她注意到老板写的"当美元坚挺时，出口会增长"。小梅清楚这话反过来说才对，于是就改过来并告诉了老板。老板感谢小梅纠正了他的疏忽。第二天，老板的发言相当成功，于是他对小梅的工作能力赞赏有加。

3. 助老板一臂之力

这个世界早已不是男人独大的天下，女性也可以有自己的事业，但是当女性一味追逐个人野心时，就会很容易忘记你受重用的最基本条件：老板认为你会助他成功的。

雪斯是一家器械连锁店经理秘书，她和经理莫尼卡一致认为，如果公司扩大，生意肯定会翻倍，可莫尼卡一直不能使上级管理部门相信扩店会带来可观的利润。在一次会议上，一位上级负责人问雪斯工作得怎样，雪斯答道："我喜欢莫尼卡的工作态度，把所有商品和顾客挤压在这么小的地方，换了其他经理，早该嘀咕了。上周，我们就不得不直接在货车上经销电视机；要是我们有更多的空间就好了，顾客准会更满意。但我们会从实际出发，尽力而为。"不出几日，公司给莫尼卡的店增加了一间门面。果不其然，小店销售额顿时上升。莫尼卡对雪斯出色的表现大为赞赏。

4.为老板解燃眉之急

女性要想升职的一个重要环节，就是要时刻帮助你的老板解决棘手的难题。琳是一所大学的负责注册工作的主管秘书。主管罗杰尔所掌管的注册系统很混乱，许多班级名额超员了，可有些班人数又太少而面临停开的危险。琳向罗杰尔自告奋勇，领头去加以改进，罗杰尔高兴地答应了。结果，系统大为改观。当罗杰尔提升为一所联合大学的注册主管时，他提升琳为副主管，琳帮他改进注册系统一事使他赏识。

5.巧妙地赞扬领导

许多经理都想得到下属的恭维，特别是当经理是位男士的话，他更期望得到女性的赞美，这样往往经男人赞美男人更有效果。聪明的你可以在这点上使他们满意。如果他做成一笔大生意，你也可以说："我真佩服，你究竟是怎样搞定这一笔大买卖的？"

向上一级主管赞扬你的经理可以得到出人意料的回报。但千万注意不要用诸如"鼓舞人心的领导"之类含含糊糊的话来奉承。好的恭维应该是具体并且让主管听了也顺耳的。露丝是一公司业务主管，在一次董事会上被问及工作怎样时，她回答道："总管史密斯先生可是个懂管理的行家。他一直努力使公司业务繁忙，欣欣向荣，而且管理得井井有条。此外，他还很注意与职员沟通感情呢！"事后，史密斯先生对露丝说："真高兴得知你我有一致的管理风格，现在告诉我，你有什么困难没有？"

培养与上级良好的关系不仅使你获益，而且使你踏上成功的阶梯，你同时也已帮助你老板和公司做了一件很出色的工作。

[任何时候都 别忘了求知]

人们常把善于学习的女人称为海绵女，她们往往是一群 20 ～ 35 岁的聪明女人，有很高的情商，也许还很貌美。她们像吸水性强的海绵，善于把握人生的每个机会。

小薇这样的姑娘就是典型的"海绵女"。她在职场的每个阶段，都能够全身心投入，虔诚的学习，吸取身边人的优点，以此提升自己，完成人生的蜕变与飞跃。拥有清雅面孔的小薇，仿佛现代都市小说里的女主角现身，浪漫而不矫情，疏朗中隐含细腻。偏偏就是这样一个清丽的女子，在属于男人的销售行业，将生意玩转于股掌之间，将男人抛在背后。

"一个女人，选择了属于男人的销售行业，就是选择了一场血腥的战争，向上或者出局，你没有理由和机会停下来喘息。"小薇告诉记者，当初大学毕业来到一家外贸公司应聘销售职位的时候，同来应聘的同事就曾经告诫她"销售不是女人干的活。"然而倔强的小薇并没有被同事的话吓跑，反而激发了她的斗志，"后来我们成了同事，同时也是竞争对手。我性格比较开朗，和同事们相处的十分融洽，这种性格帮助了我，我暗中学习业绩优秀的同事，学习他们的着装风格，沟通技巧，不断向他们请教专业知识和产品信息，同事们也都不厌其烦地教我。除此之外，我还总结了自己的优势，比如说观察力比较强，也比较细致，有韧性。"通过各方面的努力，在一次次谈判中，小薇总结了丰富的经验，赢来了客户，也积累了重要的人脉资源。

"当我被提拔为公司区域总监的时候，那个曾经告诫我的同事成了我的助理，而且眼光中多了一些钦佩。"让人惊异的是，年仅26岁的小薇，除了年轻美貌、人大文凭和一颗争强好胜不甘人后的心，她几乎一无所有！没有资金，没有专业背景，没有亲朋好友支持，甚至没有她准备从事的那个行业一点点的人脉关系。经过历练，她已完成从职场菜鸟到职场达人的蜕变，"光脚的不怕穿鞋的，当你一无所有的时候，你还有什么不敢做呢？其实女人的韧性比男人更强，只是很多时候，依赖性和娇气掩盖了女人柔韧的本质，我发现面对困难，自己表现得比想象的要坚强。"

她们勤奋、努力、上进，力求把一切完美的东西都掌握在自己手中。身边有什么专业人才就会主动戴上"求知"的帽子。也许她们本身对这些没什么兴趣，但为了让自己在人生的道路上不断强大一点，能够把握时代的潮流，她们就会一心一意地去钻研。最终，在不经意间，玩转了这个时代。人生就是个不断进步和学习的过程，汲取他人身上的优点来充实提升自己，始终是生命的主旋律。她们利用自己的高智商，把握了人生每个可以使自己学习并且进一步提升的重要阶段。这种学习的榜样不光是自己的男友或老公，也可以是自己周围的朋友，好姐妹甚至自己的长辈。海绵女的优势在于自己有灵活聪慧的大脑，并且运用自己的优秀，获取更多的机会学习和分享别人成功的经验和处世之道。这样的海绵女其实是很受欢迎的。因为海绵女最后都成为了"钻石女"。

不懈怠的学习才是百战百胜的利器，只有坚持学习的女性才是聪明而有远见的女性。每个受过教育的女性都知道在职场上奋斗的学习有别于学校的学习，缺少充裕的时间和心无杂念的专注，以及专职的传授人员。所以积极主动地学习尤为重要。

1. 在工作中学习

工作是任何职业人员的第一课堂，女性要想在当今竞争激烈的商业环境中胜出，就必须学习从工作中吸取经验、探寻智慧的启发以及有助于提升效率的资讯。年轻的彼得·詹宁斯是美国 ABC 晚间新闻当红主播，他虽然连大学都没有毕业，但是却把事业作为他的教育课堂。最初他当了三年主播后，毅然决定辞去人人艳羡的主播职位，决定到新闻第一线去磨练，干起记者的工作。他在美国国内报道了许多不同路线的新闻，并且成为美国电视网第一个常驻中东的特派员，后来他搬到伦敦，成为欧洲地区的特派员。经过这些历练后，他重又回到 ABC 主播台的位置。此时，他已由一个初出茅庐的年轻小伙子成长为一名成熟稳健又广受欢迎的记者。虽然这是一个小伙子学习奋斗的历程，但是作为女性难道不能从中受到某些启发吗？

通过在工作中不断学习，你可以避免因无知滋生出自满，损及你的职业生涯。专业能力需要不断提升技能组合以及刺激学习的能力相配合。所以，不论是在职业生涯的哪个阶段，学习的脚步都不能稍有停歇，要把工作视为学习的殿堂。你的知识对于所服务的公司而言可能是很有价值的宝库，所以你要好好自我监督，别让自己的技能落在时代后头。

2. 努力争取培训的机会

女性同男人在一个公司工作，女性就要常保持一种危机感。多数企业都有自己的员工培训计划，培训的投资一般由企业作为人力资源开发的成本开支。而且企业培训的内容与工作紧密相关，所以作为女性你就要争取成为企业的培训对象，为此你要了解企业的培训计划，如周期、人员数量、时间的长短，还要了解企业的培训对象有什么条件，是注重资历还是潜力，是关注现在还是关注将来。如果你觉得自己完全符合条件，就应该主动向老板提出申请，表达渴望学习、积极进取的愿望。老板对于这样的员工是非常欢迎的，同时技能的增长也是你升迁的能力保障。

3. 给自己"充电"

在公司不能满足自己的培训要求时，也不要闲下来，因为女性清楚自己的弱点，你可以自掏腰包接受"再教育"。当然首选应是与工作密切相关的科目，其他还可以考虑一些热门的项目或自己感兴趣的科目，这类培训更多意义上被当作一种"补品"，在以后的职场中会增加你的"分量"。

随着知识、技能的折旧越来越快，不通过学习、培训进行更新，适应性自然越来越差，而老板又时刻把目光盯向那些掌握新技能、能为公司提高竞争力的人。

未来的职场竞争将不再是知识与专业技能的竞争，而是学习能力的竞争，一个女性如果善于学习，她的前途会一片光明。

大目标才有
大动力大作为

在今天，说一个人有野心未必是贬义的，而且在职场中的人有了"野心"就会在工作中充满激情，才会更有可能先于他人抵达成功的彼岸。因此在你的职场里，你一定要具备一点"野心"，它是使你获得更好生活质量的强大动力，心理专家研究显示，"野心"是获得成功的关键要素。

"野心"究竟靠什么建立，为何在对待事业上，有的人充满"野心"与活力，而有的人却没有！

人的性格也会直接影响"野心"。有的人一直对自己的事业和生活感到不满，他们总是怀有一种忧患意识，正是这样的意识使他们萌发焦虑感。焦虑及孩童时有被剥夺感的人，容易在生活中努力寻求大量补偿而显得"野心"勃勃。

在对待"野心"这个问题上，怎样做到既推进事业发展，又不损害他人的利益和自身健康？那就是要保持"野心"适度。为了做成一番非凡的事业，我们必须要怀有"野心"，对于未来要抱有强烈而良好的憧憬，只要可能，都不妨尝试，如此才能更好地全面地发展自己。

不管怎么做也不可能变成现实的梦想，永远只是梦想。可能的事业，完全可行的事情却不是梦想，而是切实的"计划"。梦想、野心、欲望，既然要拥有它们，那就大胆果断地选择看似做不到的东西。无论你梦想有多么大，别人也不适宜说什么，说不定还真的实现了呢。

其实，女人的成功跟男人的成功一样，前提是要具备"野心"，野心就是你所渴望实现的目标。没有目标，就算你能力超人，也不过是成为他人的赚钱机器。只有明确了目标和野心，你才会一步步向目标迈步前进。

丽兹罗曼加勒最初在《华尔街日报》波士顿分局就职，有一天，公司派遣她去纽约工作。这是个绝佳机会，她可以因此承担更多的责任，完成更多的工作。可是，加勒显得犹豫不决，原因是她的丈夫在波士顿刚刚成为一名律师，两个人刚刚在波士顿扎下了根。

当时，报社还从来没有过女性分局长，加勒最终没敢接受公司方面的建议。后来，她如此写道："我太害怕冒险，我太害怕失败，太过担心婚姻生活出现问题，因此我不是很有野心的人。"直到决断的瞬间来到面前，我们仍然不明白自己是个什么样的人。唯有在必须做出艰难抉择的时候，才是我们真正了解自己的时候。

加勒做出了自己的决定之后，公司觉得加勒是那种就是给了机会也不敢于接受挑战的人，而且畏惧变化。站在组织利益的立场上，的确没有必要为了那些面对机会却拿不出热情的职员考虑，毕竟渴望工作的人多得不计其数。

对于加勒来说，尽管这是综合各种情况之后做出的最合理的选择，却使她的事业前景受到了严重的打击：公司对加勒失去了兴趣和关注，之后再也没有这样的事情发生了。这个世界本来就不轻易赐给人们机会，可是当机会真正到来的时候，却只有极少数的人能够抓住，如果不能充分利用，这是极其残酷的事情。

面对挑战，一定要勇敢向前。若稍微犹豫不决，机会往往就已经一去不返了。假如由于暂时的困难而逃避，不但这次机会，有时连下次、下下次机会都被断送。或许，人生就是不断去打开一扇扇新门。我们可以这样想：你住在一个安乐的房间里，虽然这个房间不能让你一切都心满意足，可是也还算凑合，谈不上很幸福，也没有任何不幸。然而，除了我走进来的那一扇门，还有别的不知道通向哪里的门。

是不是推门出去，惟有你自己才可以决定这件事。你完全可以继续留在你目前所处的房间，这个尽管不是完美但也不算差的房间，当然你也可以自主地推门出去。一旦你推门出去，你就再也回不来了，这就是适合每一个人的游戏规则。

因此，当机会到来时，你一定要记得告诉自己："只要我下决心去做，我就一定能够做好。"不过，他人惟有看到我们把事情做得怎么样，才能对我们做出评价。出去，还是留下来。不管你做出何种决定，结果都是你将成为什么样的人的答案。

"野心"可以促进女人的成功，然而倘若这种"野心"是以挖别人墙脚为前提，或者通过损害他人利益才能实现自己的利益，那就要把这种"野心"放在道德和法律的规定范围内，学会控制好自己。此外，要对"野心"进行必要的引导，在"零和"环境中，你多占有一点，他人就少获得一点，因而"野心"一直以来不受欢迎。而如今飞速发展的社会，为双赢模式的实现提供了更多的可能性，你的"野心"对于开拓新的利益空间、探索未来领域，有不可替代的巨大作用。

"野心"永无止境，因此要懂得把它调整在一个合适的限度之内，让它充分发挥对人的积极激励作用而不损害到他人。假如一个女人在"野心"的极度膨胀下，把自己的私欲建立在他人的痛苦上面，最后的结局也必然是缺乏牢固基础的成功。因此，激发你的"野心"是你迈向成功的内在动力，懂得控制让你能够长久地享有成功的喜悦。

婚姻修成之做独立内涵的新时代女性

4

　　时代转换了女性的角色，新时代的女性不愿再做男性世界的花瓶，张扬个性与独立、在乎自己内心的真正需求与感受。以自身具备的才情与智慧，摆脱旧时代留在女性身上的依赖与从属的阴影，更轻松地享受生活。每个人都需要美，也是最爱美的，特别是女性，更需要寻求一种性格和气质特征的女性美，来展示自己的内心世界。一个现代女人，懂得如何表现自己，成熟、优秀、文雅、娴静，各种气质与品位都可以在举手投足间得到最好的体现。生活中女人要懂得以宽容的心去包容。善解人意、宽容大度、胸襟开阔是好女人所具备的品质，更是现代女人所不可或缺的品位。

经济独立，生活更幸福

职场中智慧的女性独当一面，精明能干，而在生活中聪明的女人一般都十分的具有温情，充满着女人味。

杨贵妃的肤如凝脂、富态雍容，林黛玉的弱柳扶风、清寒瘦骨……俱往矣，数风流人物，还看今朝。21 世纪，什么样的女人能够在职场与生活中都游刃有余呢？

独立的自我＋柔软的心：她，以身为职业女性为荣，她意识到是职业带来的经济自主成全了独立的自我。没有独立经济保障的自我是脆弱的，而有独立的经济保障，仍有人活得附庸与依赖，但她却凭借职业的经济支撑，把自我活得清醒、滋润与丰富，个性的魅力就是这样伸张出来的。当女人拥有独立的自我，就有了处世的平等地位，男人怎敢轻视。她自我，但她并不把这与强悍挂钩。她有足够的坚强，同时也有足够的柔软，因为她明白：自己是女人，温柔是上天的赋予，是本性的流露。温柔是一种雌性，女人也就天然具有磁性。

把美丽当事业追求＋把事业当美丽追求：不美丽，那是她绝不可容忍的事情。她可以不为悦己者容，却必定要为悦己容。她把美丽看作是灵魂愉悦的必经要道。她了解自己也了解环境的需要。漂亮，至少是不粗俗的装扮与修饰，对自己是快乐，对别人则是尊重。但漂亮，并不是生活的全部。她的头脑没有复杂到轻视漂亮，但也没简单到一味轻佻地追逐时髦。她把美丽当做人生的一种格调，而工作却是人生的主体，因为她信奉：工作着是美丽的。她聪明地把工作中的一切充满压力与挣扎的起伏，适时大而化之地认为是一种存在的美感，于是工作不时转化为享受。

感性＋性感：她知道知性的可贵，但却更愿意为感性留下大片空间。感性，与直觉，与潜意识，与灵魂深处不可知的神秘力量接通，而这正是生存不可或缺的浪漫因素的起点。否则，谁还那么一呼百喝地哄唱"谁娶了多愁善感的你？谁安慰爱哭的你？……"至于性感，那是另一种神秘力量。你以为玛丽莲·梦露火辣辣的性感才叫性感吗？错了，有时女人酒后的微醺、半梦半醒之间的恍惚眼神，或无意为之的一句清唱，都埋伏着性感，散发着致命的诱惑。

生存智慧＋生活品位：待人接物、起行举事，外圆内方的她深知得体的方法是取得成功的保证。在竞争激烈的年代，蛮干抵不过巧干，困境再棘手也势必有一个破解的命门，只要拥有高明的生存智慧。这是生活阅历在一颗有涵养的心上结出的果子，过程可能是苦的，果子却是甜的。如果说生存的智慧是进而善攻，那么生活的品位就是退而善守。优质的女人，生活如同她的盛宴，她懂得怎样去调配佳肴、打点灯光、营造气氛，她懂得怎样将物质消费变成一种彻底的精神享受，她懂得怎样将生存的干涩与平淡调理为甘美与意味深长。

时尚白领＋摩登主妇：优质的女人具有时代的敏感，具有吐纳新鲜事物的能力，她不会盲目追逐但也不刻意拒绝潮流的变迁，她活得自信、积极而乐观，因为她总能在时代的斗转星移中找到自己的据点。她们在办公室里忙碌的身影，爽利而明媚。工作不是家居生活的死敌，出色的女人懂得事业与家庭的平衡术，她会最大限度地倚借现代化家电设备，精简做家务时间，把心思用在家庭情趣上面，她是新时代的摩登主妇。

笃定的心志＋包容的气度：信心建立在独立自我基础上的她，具有自省的能力，善取善舍，对事业与生活有自身一套处理的原则和追求的梦想，她与时并进，而又步履从容。生活在一个文化多元共生的时代，她保留个人的价值判断，不等于她就没有容人之量，她理解不同的人对生存的不同选择，尊重在不同生存方式背后的个人意志。

善良的本性＋灵活的作风：真善美，美，天然地与善为邻。美的真实性与持久性也取决于有没有善的基底。所以一个充满韵味的女人，必然呈现本质上的善良。而她又是灵活的，不拘泥于固有的道德评判标准，她承认人性的弱点，并以成熟的心态临事处之。

活力＋幽默：病美人的时代早已过去了，新时代的完美女性讲求健康的活力，她们挺胸昂头、步履坚定，生活充满弹性，把自己打造得像光洁的铜器，而不是易碎的玻璃器皿。当然，幽默感也是必备的囊中之物。在生存紧张的、竞争激烈的时代，风趣与诙谐像海绵一样缓冲了压力，也令男性刮目相看。

瞧，在老套的"才貌双全、内外皆美"背后，有时代的新气象与新内涵，这就是新时代的完美女性。

[想要男人好，
不要吝啬你的温柔]

两个人相爱不容易，相处太难。生活中我们常常会听到女人这样的抱怨："他怎么能这样对我，我对他那么好，把心都掏出来给他了？"

其实女人爱男人，看重的往往是男人对她好不好，而男人爱女人，看重的却常常是这个女人可爱不可爱。可爱的话，一举一动都令他神魂颠倒，你做什么都是好的；不可爱的话，做得再多都不一定有用。所以要把好男人据为己有只要适当地温情一下，他就会懂得你的好啦！

1. 对男人要投其所好

首先就得搞清楚男人为什么爱你。如果问男人：你的女人到底可爱在什么地方？一百个男人会有一百个答案，全看是什么样的男人而定。如果他爱的是你的温柔似水，不妨对他百依百顺，有空就多给他说些好话；若他爱你的坚强独立，则可多给他一点自由；若他爱的是你的青春美貌，在他抱怨你身材臃肿时，大可不必历数你对家庭的贡献，应趁机对他说：我正想找家健身房锻炼锻炼，星期六就麻烦你带带孩子吧。

两人在一起日子过久了，激情慢慢淡化了，这时可以慢慢弄明白他平时有什么喜好。他喜欢唱歌你陪他唱；他喜欢看球你不拦他；他喜欢吃你多花点功夫在做菜上。只要他高兴你也快乐，日子就能过下去。女人绝不会把自己的好恶强加于他。

安慰男人的办法同样视你的男人是什么样的而定。如果你看到他一人坐在家里，黑灯瞎火地喝闷酒，他若是个颓废懦弱的男人，你不妨夺了他的杯子，提醒他还是这个房子的主人，有为人夫为人父为人子的责任，十年八年后他一定会对你感激不尽的；他若是个自尊心极强，绝不能容忍自己在女人面前示弱的男人，不如假装什么也没看见，悄然退出，让他静静舔平他的伤痛；假如你的男人介于两者之间，则可以端几样小菜上来，陪他一起喝喝酒，看他有什么苦要诉。

2. 对男人不要轻易抱怨

再没有比一个唠唠叨叨、成天抱怨的女人更让人退避三舍了。但不抱怨也不行，任劳任怨的女人最惨了。当男人被服侍惯了的时候，一切都变得理所当然，你偶尔一两次没做好，他反而要心生不满。

3. 对男人一定要多说好话多鼓励

说话实在是一门艺术。说得好可以救人，说得坏则可杀人。许多女人都以为结了婚，一家人了，当然就可以畅所欲言，想说什么就说什么。逞口舌之快的后果却是丈夫早已同床异梦了，你还压根儿不知错在哪里。

好话要多多益善，坏话能不讲就不讲。很多婚姻关系的破裂都是因为讲话太随便所致。古人说夫妻要"相敬如宾"，不是没有道理的。

4. 对男人做的事一定要以鼓励为主

大多数好男人，其实很愿意为女人做事的。即使他没想到，你告诉了他，他还是会尽心尽力去做的。但做得好不好，做多还是做少，很大程度取决于你自己。男人最头痛的大概就数给女人买礼物了。如果情人节买一束花，太太心里虽然很喜欢，嘴上却说：浪费那钱做什么？买一件衣服，太太却说：难看死了。或者说：你就会拣便宜货。可想而知，以后要再有下文就难了。不管他为你买什么，能透过那些物质，看到后面一颗爱你的心，并对那颗心存着感激，便很好。即便不是一颗很爱你的心，但有了种子，你还怕它不开花结果吗？

在千千万万的人海里，有那么一个男人，就在你需要爱的时候爱了你，而你也爱了他，这是一种极其难得极美丽的缘分。只是爱一个人并不是一种与生俱来的本领，并非想爱就爱那么容易，得花一点心思，下一点功夫，用一点"手腕"紧紧地拴住好男人的心。

有品位有个性的女人
更受男人喜爱

时代转换了女性的角色，新时代的女性不愿再做男性世界的花瓶，张扬个性与独立、在乎自己内心的真正需求与感受。以自身具备的才情与智慧，摆脱旧时代留在女性身上的依赖与从属的阴影，更轻松地享受生活。她们应该是——

聪明博学："女子无才便是德。"早已是冬烘之言，才女的冰雪聪明、玲珑剔透令人折服，她知识广博，有说不完的丰富话题，天文地理、科技人文，信手拈来，绝不会令你感到琐碎无聊。

修饰得当，有独到的品位：她不是脸蛋长得最漂亮的，可看上去赏心悦目。她不追求潮流，却能独运匠心穿出个人品位。她能传达出内心的成熟与丰富，像一杯醇厚的葡萄酒，令人微醺微醉。

言语风趣：她很懂得语言的艺术，从不会在观点不一时将自己的意见强加于人。她会轻松地化解无聊的玩笑，既不会板起面孔制造尴尬，亦不会不声不响照单全收，她会以委婉的方式暗示对方"此种话题不受欢迎"。

追求爱情却不痴迷：她深知，爱情不是女人生命的全部，太多的期盼只会在将来化作冲天怨气。或许她会勇于向心仪的男子表达好感，因为好男人不会很多，她愿意为追求幸福冒被拒绝的风险。然而她不会是被爱情困住的金丝鸟，她不会痴痴等候，亲情与友情也是她生活中很重要的部分，她追求独立，依附与缠绕的爱情不是她所要的。

清新自然，拒绝陈旧：她应有极强的"保鲜"能力，岁月与生活的琐碎无法在她的心灵烙下痕迹，她善于发现生活中的美与辉煌，借以冲破无边无际的黑暗，重获新生。她喜欢亲近自然，辽远的风景和清冽的空气能抚慰她的疲惫与彷徨，不经意间流露的未泯童心童趣，令人莞尔。

善待自己：在任何时候她都不会伤害自己，情场失意、事业受阻只会带给她短暂的失意低落，她不会因此类原因堕落或放纵。她爱惜自己，知道良好的健康状况对现代人的重要，她常积极地参与运动以保持自己良好的身材，她不会吝惜花在保养自己容貌及身体上的金钱与时间。有极好的生活习惯，抽烟、饮酒、通宵达旦宴饮狂欢都不会发生在她身上。

有道德标准，能坚守原则：她乐于接受别人的意见，对无伤大雅的越轨也能一笑置之。然而人云亦云、毫无主见地随波逐流却为她所摒弃。她不会意乱情迷到丧失道德的程度，"己所不欲，勿施于人"，她不屑于插足别人之间，绯闻从来都离她很远。

敏感而不多疑，能很好地控制情绪：她能从细微之中敏锐地做出反应，不过却不疑神疑鬼。她能在任何时候深吸一口气，告诫自己不要惊慌失措或乱发脾气。她不会将私人的事及坏情绪带到公司，或者将公司里的不快延伸至家中。

小小的"叛逆"：她不愿做没有自己思想的乖乖女，拥有丰富知识和敏锐洞察力的她常有新鲜的与众不同的想法与观点，她不会随声附和，人云亦云，即使是面对顶头上司，她也能礼貌而坚定地陈述自己的不同意见。有勇气挑战权威可表现出她的革新精神与不羁个性，在无棱无角的芸芸众生中很容易脱颖而出。

工作中爽快利落，驾轻就熟：现代高效率的工作环境中，谁也不愿和做事拖泥带水的人合作，外表纤弱的她做起事来干净利落，即使再繁重的活儿也不能让她怨天尤人，愁容满面，因为那样做只会暴露自己的无能，何况诸如此类的抱怨传到上司那儿，会让他对你的工作热忱表示怀疑，也许他会认为你对目前的工作不甚满意，而造成对你前途不利的结果。

留一点神秘感：她不会在工作场合谈论私人话题，特别是情场故事，公司里的同事需要了解的只是她的专业水准，没必要让自己的私事成为别人闲时的话题。何况在充满竞争的职场重地，你轻描淡写的几句话，没准会被人别有用心添油加醋地改得面目全非，何苦授人话柄？

大方得体，具极佳亲和力：她不会喷一身浓烈的香水让电梯里的所有人打喷嚏。她不会无故打断人家的话头。即使是公司里业绩最佳的职员，她也不会因此自傲，盛气凌人。在人事倾轧严重的地方，她仍能八面玲珑，如鱼得水。

[培养女人味的 11 条妙方]

穿高跟鞋：一双合适的高跟鞋配上薄丝高筒裤，会令你的双腿亭亭玉立，在男人眼中增加许多难以言表的魅力。

适度裸露：女人关键部位露得太多，会被误认为是"暴露狂"，不正经。故如何露得恰如其分，是一门大学问。对颈部有自信的女人，穿"V"字领的衣服，再搭配以金项链，即能衬托美丽的颈线；对肩部有自信的人，不妨穿着削肩、直筒型服饰；如果担心肩露太多。不妨缀缝一些花边或是搭配肩围；对胸部有自信的人，可以多解开一个衬衫的纽扣，穿透明衬衫搭配同色系的花边胸罩。对大腿有自信的人，宜穿迷你裙。若穿长裙的话，宜露出足踝。

显露羞态：害羞是女人吸引男人并增加情调的秘密武器，出现得适时而又恰如其分，便成媚态，是一种女性美，如一派天真的脸上突然泛起红晕的少女，没有哪个小伙子不会动心。但要注意此态不可"使用过度"，否则有淫荡意味，那就走向反面了。

使用固定牌子的香水：选择适合自己某种固定牌子的香水，会成为你的专有标志。他闻到这种香味，就知道你来了。一般人多把香水洒在手帕、衣服上，这不但使香味易于消失，而且会使衣服招致虫蛀。有些女性爱把香水涂在发根、耳背、颈项和腋下，这也不好。最好的方法，是把香水涂在肚脐和乳房周围，另用一小团棉花，蘸上香水放在胸罩中间，这样不但使香味保持长久，还可以使香味随着体温的热气，向四面八方溢散。

学会动作语言：那脉脉含情的目光，那嫣然一笑的神情，那仪态大方的举止，那楚楚动人的面容，有时胜过了千言万语。

培养你的"神秘之美"：把自己塑造成带点神秘感的形象，让他觉得你永远是个谜，是一本百读不厌的书。

送男友一个甜蜜的绰号：送一个甜蜜的绰号给你的恋人，会使你们彼此间显得更加亲密无间。让人惊奇的是，一些有显赫身份的总统、议员，也乐意恋人叫他们的绰号。这些被男人觉得可爱的来自女性的绰号主要有：小鸭鸭、小帅哥、小瓜瓜、小浑球、小傻瓜、小乖乖、大力士、大头仔、大老虎、玩具熊老大、蜜糖宝贝、宝贝蛋、神气熊、健美先生、迷人精。

孩子气的表白：当你花了很多钱买了几张戏票，准备约丈夫一道看戏时，你可以在电话中用孩子的顽皮口吻说："我是个很坏很坏的坏小孩。我买了几张戏票，我如果告诉你票价有多贵，你一定会大发脾气。可是我保证，只要你不生气，我就从你的头顶，吻到你的脚尖。"相信你的丈夫听了，会哈哈大笑地说："从头顶到脚尖，是吗？嗯，这个值得哦！"

表现"脆弱"：为了满足男性天生喜爱"保护"女性的欲望，适当表现一下"脆弱"是必要的。这种"脆弱"既可表现在生理，一副弱不禁风的模样，也可表现为精神方面的"脆弱"，像怕打雷或者容易掉眼泪。

要使闹别扭看起来可爱：男方在约会时迟到了，如果他说："啊！迟到了。"你要忍住怨声回答说："我在担心你是不是找不到地方呢！"这是对他初次迟到应有的风度。但如果下一次他又迟到的话，闹别扭就可派上用场："哼！又迟到了。

罚你请我吃饭！"这种程度的生气会令他颇具好感。

　　轻轻的叹息可打入他的内心：诱使他一起到稍有情调的酒吧，两人肩并肩地坐在一起，然后在前 30 分钟照平常一样快快乐乐地聊天，并且喝适量酒。30 分钟之后，你便开始玩弄手中的酒杯，并且把目光盯在他的指尖附近。悄悄地叹一口气："唉！"他敏感地注意到。从而用担心的眼光注视着你。你立刻迅速地躲开他的视线，再给他致命一击，轻轻地再"唉"一声。他对你的叹息一定会生出许多猜想，担心你不再喜欢同他在一起了。这时，他便会想方设法检查自己的不是，并急于向你表白他多么喜欢你，爱情喜剧便进一步上演，正中你下怀。

[爱美之心，
不可丢]

在现代生活中，性感是女人独具的气质。风情万种、仪态万千是女性性感气质的展现，它能激起异性强烈的爱慕、思恋、追求的欲念、女性的美貌和优美的体态固然为男人所倾倒，但是，随着岁月的流逝，女性总会失去往日的风采，体态也会变得臃肿或消瘦，失去往日的俊美，而性感却是抽象的美感因素，能够"青春永驻"。

性感所产生的魅力，更为深沉，更为久远、它在婚姻性爱的生活中永远占有非常重要的地位，性感是女人永恒的美。人们常说，男人年华流逝而"雄风尚在"，女人红颜已褪但"风韵犹存"，说的正是这个道理。

每个人都需要美，也是最爱美的，特别是女性，更需要寻求一种性格和气质特征的女性美，来展示自己的内心世界。而女性的性感，正是造物主按照美学的原则，赋予女人的最佳韵律，使得现代女性能以其独特的风采，置身于多彩多姿的大千世界，并和谐统一地与男人的阳刚之气形成鲜明的对比，构成一道靓丽的风景。

心理学家认为，如果想让夫妻生活更有情趣，时时在配偶眼里保持性感是很重要的一条。女人的性感美不仅显示心理的成熟，而且意味着女人生理发育的完美，为婚后性生活的和谐美满创造了条件。事实证明，富于性感的女人，会更多地得到丈夫的亲吻和拥抱，而幸福和谐的性生活，会使妻子更加姣美和健康，为优生优育提供了保证。因此，富于性感的女人，婚姻是美满的，性生活是和谐的，其所生的子女也多是健康、活泼、聪明、伶俐的。一个真正具有性感的女人，知道怎样从感情上去吸引丈夫，从而得到丈夫对自己的爱，这不仅仅是为了肉体上的满足，而是为了更多地体验情感上的爱。

身材苗条、皮肤白皙的女人，往往更加富有性感，容易受到同性和异性的赞美和喜爱，因而在选偶择友方面占有优势，是生活中的幸运者；身材修长的女人行动敏捷，工作效率高，适应性强，又往往是工作中的强者。在科学文化落后的时代，女人对人体先天条件无能为力，而当代的女人正在摆脱这种陈旧的观念，以积极的态度去塑造人体美。不少人通过体育锻炼、健美活动、调剂营养、美容化妆等手段，收到了神奇的功效。

服饰是无声的语言，传递着女人美感的信息。如果年轻女人所穿衣服合身贴体，衬托出身体优美线条，定会使其魅力倍增；男人对女性腿部的好奇是每日每时的，如果女人穿着薄丝筒袜，再配上一双合适的鞋，更显亭亭玉立；女人丰满的乳房是最诱人的性感部位，因此，女人倘若与众不同地不戴文胸，显露出自己健美的胸部，充分展示自己的人体美，或许会更加性感；适当地佩戴一些小饰物，将使女性的风姿更加迷人。

良好的姿态能使女性倍添风采。女人以亭亭玉立的站姿、轻盈敏捷的步履、温文尔雅的坐姿为美。亭亭玉立是一种挺拔而不僵直，柔媚而又富于曲线的姣美姿态，这种站姿能充分体现女性的纤细身材和柔美的曲线，给人以高雅、俊美之感；女性落座，轻盈无声，坐时两腿自然并拢，两手轻放在沙发扶手上或相叠放在大腿上，头部平直，目光平视，充分显示出女性文静、含蓄之美；女性走路，注意轻盈快捷，快抬脚，迈小步，轻落地，使人感到她们是缕轻柔的春风，妙不可言。优美的姿态，是女性性感美的一种展现，是女性献给生活一束常开不凋的鲜花，会引来众多异性的目光。

谈吐是人的风度、气质和女性美的组成部分。谈吐不仅指言谈的内容，而且包括言谈的方式、姿态、表情、速度、声调等。女性文雅的谈吐是学问、修养、聪明、才智的流露，是魅力的来源之一。与人交谈，既有思想的交流，又有感情上的沟通；任何语言贫乏、枯燥无味、粗俗浅薄，都会使人感到厌恶。如果女人的谈吐既有知识、趣味，又能用丰富的表情和优美的声音来表达，将会达到意想不到的效果。

世界上没有绝对丑陋的女人，只是有的女人不知道怎样会使自己美起来。假如女人能够在温柔中透着性感，在性感中呈现着温柔，不是更有"女人味"吗！

[女人怎样表达性感]

女人的性感有很多种，浓的、淡的、邪气的、稚气的、成熟的、青春的、贵族化的、平民化的。女人的性感又很难说得清楚，因为它毕竟是一种感觉和感受，是一种无形的东西。

胸部是女性魅力最极致的表现。有丰满胸部的女孩子大多会被称为性感，大多数时候，当我们提到一个性感女子时，就会联想到很漂亮的胸，胸部漂亮的女子总是给人很深刻的印象。

用服饰来表现漂亮的胸，可以有很直接的方法，比如"露"和"透"，袒胸的晚礼服，很时髦的吊带小背心。还有，将外衣的纽扣打开，露出非常性感内衣，或者更直接内衣外穿。

不露不透同样可以表达性感。比如紧身窄小。十分合体的衣着。已经流行了好几年的简约风貌看似素朴，一律深素的颜色，简约精致的款型，却也有女性性感的表现。该窄的窄，该瘦的瘦，该圆的圆，该宽的宽，三围差数十分明显。其实，简约风格的服饰不过是将性感表现得含蓄、聪明点罢了。

有双美腿是很让人羡慕的，修长、结实、有很好的比例。展示腿部可以穿到膝盖以上更短的裙，也可以选择热裤。还有很多女孩子喜欢涂指甲油，穿露出脚趾的丝带凉鞋，这些也都会特别强调女人的性感。穿长筒的丝袜，尤其是那种有网眼花纹的，总会让人想到美丽却有毒的蜘蛛女，是一种有点邪气的性感。

女人的背部，绝对是性感部位。可惜的是，很多人没有认识到。看看那些穿露背装的女人，只背影就十分吸引人。漂亮的背部，要很光洁平滑，皮肤要好，还要有那么一点结实的肉，再要有一些骨感就很美了。不可以太胖，也不可以过于瘦骨嶙峋的。有美背的女人其实不少。

臀部对多数东方女孩而言，并不被作为重视的部位。而日本女孩子却将臀部视为除胸以外的第二性感部分，虽然东方女孩难得有高翘结实的美臀，日本女子又尤其如此。不过，注意选择有矫形作用的内衣裤、款型很棒的裤装，都会帮你很大的忙。记得吗，梦露的影片中，有很多镜头，便是通过好看的臀来表现其性感魅力的。

表现性感的面料有不少，蕾丝、网眼纱、各种透明织物、轻薄织物、弹性织物，还有毛皮等等。蕾丝是最性感服装内衣的常用面料，所以无论用在何处都会叫人觉得很女人、很性感。透明纱也是同样的道理，弹性紧身织物会将女性的人体曲线展现无遗，轻软的丝绸、缎、天鹅绒等等，有如皮肤般光滑，常常会叫人浮想联翩。毛皮的魅力是其性感中的老练和华贵，藏在毛皮中的女人，仿佛受娇宠的高贵的私家猫。

多一些理解、包容和担当

兰兰的丈夫是个脾气躁的人，经常为一点点小事就会大发脾气。比如，有一天晚上，他嫌兰兰做的菜味道太咸了，就指责兰兰不会做饭，如此等等。但是，兰兰在丈夫发火时从来不说话，以沉默对之。时间长了，丈夫的脾气居然有所转变。丈夫说："每次冲你发火时，就觉得特对不起你，所以就不想急了。"

夫妻双方总有脾气不好的时候，此时双方最易互不节制地发泄，往往因小事酿成大战，既伤心神还可能又伤了身，甚至走向分手。让旁人看了或自己事后想来，真是不值。为此敬劝做妻子的要善于防范。

1. 理解丈夫

许多坏脾气的男人虽然脾气不好，但心眼儿好。认识到这一点，当他对你发脾气的时候，你在心理上也可以缓解一下。这样的人往往是脾气上来不得了，发完脾气很快就"晴天"了。

2. 让他的火没处发

当丈夫发脾气的时候，自己首先要沉住气，不能兵戎相见，想方设法把爱人的火气尽快平息下来，让他的铁锤砸在棉花上，卟的一声没了声息。也可以违心地承担过错，躲过大卷风，再慢慢地、耐心地与他讲道理。

3. 了解丈夫

先摸透丈夫的脾气究竟的属于哪一种类型，有哪些特点，而且是在哪些情况下好发脾气，常见的诱因或导火线是什么。这是因为每个脾气不好的人都有自己独特的规律，如果能够了解、认清这些规律，进行有的放矢的预防，就会取得事半功倍的效果。

比如，丈夫一见饭菜不遂心，就发火；有些人工作中不顺心，习惯回家生闷气、找别扭；有些人则常爱因孩子问题发生争执等等，作为妻子，就应该区别上述不同情况，对症下药。

一般说来，性情暴躁的人都有个特点，发起脾气不由自主，冷静下来往往感到内疚。你可以抓住这个时机同他签个君子协定。比如以后不可再为小事大发雷霆，如若发火，须负荆请罪。

如果爱人的坏脾气是由疾病引起的，你就应该理解、体贴和帮助爱人，用一颗温暖和宽容的心去融化那块坚冰。另外，对于突然的脾气变坏，要及时查找原因，如神经衰弱、焦虑症等都会突然间性情大变。

4. 宽容丈夫

夫妻相处难免有未尽人意的地方，双方应以"恋人的心肠"给以宽容，少加指责。

例如，丈夫对妻子说："饭怎么又烧糊了？跟你不知说过多少回了，没记性？"妻子忙累了半天，马上回敬道："怕糊你自己烧，以后没人给你烧了！""谁稀罕！少你还不吃饭了？"……你一言，我一语，一顿饭弄得举家不欢。

5. 安慰丈夫

夫妻间任何一方在生活中都难免遭到意外或不幸，这时对方的安慰和鼓励就十分重要了，它能给人勇气和力量。

如丈夫把手机丢了，十分焦急懊恼，这时妻子安慰说："不要急，上电信局挂失一下，如果找不到，就再买一部，不在乎这几个钱。"丈夫听了，觉得妻子通情达理，自然宽心。

如果妻子这时这样说："怎么老这样没心没肺的和你妈一样，怎么没把你丢了呢？"丈夫本来懊恼不止，妻子又火上浇油，到头来，免不了唇枪舌剑，大闹一场！

6.信任丈夫

信任是感情的基础，一旦失去信任感，那么都将给幸福的生活带来危机。例如丈夫曾与过去的女友感情甚笃，但婚后对妻子很忠实。妻子却总怀疑丈夫与女友藕断丝连。一日丈夫接完了一个女同学的电话，时间长了一些，妻子便不依不饶问个没完："是她的吗？说实话。"丈夫被问得烦透了，随口说："是，又怎么样？"于是一场内战就此爆发。

7.忍让丈夫

夫妻在日常生活中，难免会有不顺心的时候，如果他在外面遇到气恼的事回家向你发泄，那么你一定要谅解忍让，要引导他把不顺心的事说出来，帮他排解。而不要怒气冲冲向他反击："干吗把别人的气往我身上撒！"此时对他一些反常举动也别挑剔，例如，妻子对丈夫说："我希望你不要把稿纸乱扔，真讨厌！"丈夫则针锋相对："你在跟谁说话？无聊！"你来我去，针尖对上了麦芒。

给你的言语
加点艺术

夫妻间的幽默是建立和谐稳固关系的"黏合剂"，一对懂得幽默的夫妻是生活中是充满笑声与欢乐的，生活对于他们来说是一种幸福和享受。

幽默能使心情保持愉快，家庭幸福也会使夫妻间的爱情长盛不衰。由于幽默的语言能得到平常的语言所没有的奇效，因此，使用幽默语言就往往成为夫妻间表达情意的一种策略。例如，妻子希望丈夫帮她买衣服，便说："我想要大衣和套裙，不过，一次要你买两样东西是有点过分，可是你起码也该买套裙给我吧！"她的口气就好像帮助丈夫解决了一个大难题似的。

妻子外出几天，留下一些家务活给丈夫做。一，二，三，四，写在纸条上，出于开玩笑，又在纸条上写上第五条：多想想你的妻子。

几天之后，妻子返家，丈夫向她报告完成家务的情况，并递回条子。条子上四条已划了叉叉，只剩下第五条未划。

"怎么，你把我忘了？"

"第五条我也做了，但还没有做完。"丈夫回答说。

有一次，温莎公爵也就是英国前国王爱德华八世，正和一批朋友谈到如何使爱人高兴。他说："我承认我比你们任何人的确有利一点点。如果你在困境中，也能提醒你妻子说你曾为她放弃了皇冠，那的确会有帮助。"

不仅是名人，即是普通人，也能让家庭充满欢乐的阳光。譬如当妻子做饭时间迟了，丈夫催促她时，妻子如果说："等一下嘛，我正在加油干呢！"那么丈夫是不会再责怪的。

有位丈夫的妻子是个泼妇，常对他发脾气，而这位丈夫总是对旁人自我解嘲道："讨这样的老婆好处很多，可以锻炼我的忍耐能力。"有一天，他的老婆又发起脾气来，大吵大闹，很长时间还不肯罢休，丈夫只好退避三舍。他刚走出家门，那位怒气难平的夫人突然从楼上倒下一大盆水，把他浇得像落汤鸡。这时，丈夫打了个寒战，不慌不忙地说："我早就知道，响雷过后必有大雨，果然不出所料。"

有时候，妻子也可借用身边的事物和丈夫开开玩笑，例如，拿着报纸说："好便宜呵，一套西装才几十块钱！"在丈夫吃惊之际，妻子将报纸递给丈夫，同时说道："那是一家洗染店的广告！"相信丈夫一定会大笑出声。

又如丈夫爱好钓鱼，就对妻子说："你想不想吃新鲜的鱼？"其口吻好像是在讨好她；而妻子也逗趣地答道："你说得倒真好听！你还不是又想去钓鱼了！"

幽默的谈笑，对维持家庭的幸福也很有帮助。譬如丈夫对妻子说："你真是幸福！你有这么好的一个先生！"接着丈夫说了自己的一些优点，又趁机举例谈到那种使妻子不幸的丈夫等等。这时候他说话的样子是半认真、半开玩笑的，但是听在妻子的心中，却有一种幸福感觉。假如他是一本正经地诉说自己的优点，妻子反倒会觉得他在"表功"。因此，幽默的情趣、祥和的气氛，才能赢得赞美和敬爱的心声！

一对夫妻吵架吵得不可开交，互不相让。最后，丈夫恼火了："你走吧，把属于你的东西都带走，不要再回来了。"

妻子无可奈何地收拾东西，最后提着一只旅行袋，把一只空麻包往丈夫身上一扔："你钻进去。"

"干什么？"丈夫吃了一惊。

"你也属于我，我也要把你带走。"

如此一说，不仅夫妻和好如初，感情也愈加甜蜜了。

拥有一个幽默的丈夫的女人是幸福的，同样，一个懂得幽默的女人的爱情是更加幸福的，女人幽默一点，爱情会变得更加稳固。

对你的他
表达爱意

很多人结婚前不认为"婚姻是爱情的坟墓"，但是到了婚后却慢慢地实现这个格言。他们觉得爱情不过是谈恋爱时的事，一旦建立了家庭，最重要的是过日子。就是这种错误的观念，才使得上述的格言成立，而且也导致许多家庭因此破裂。

我身边就有这么一个朋友，她们刚成家时，夫妻俩恩恩爱爱，双方各自在社会上算是位居中等以上的阶层，是人人称羡的好家庭。妻子时常以此自豪，觉得自己找到了一位乘龙快婿。

谁知结婚不到三年，丈夫突然吵着要和她离婚，妻子百思不解，不知道自己究竟做错了什么，怎么让丈夫气得非得分手不可。

憔悴的妻子把事情跟她的一个好朋友说。正好她这位好友对家庭问题颇有心得，于是为这妻子出了一个简单易行的小点子——以后凡是见到丈夫，不管人前人后，一律改口用过去的昵称叫他。

这算什么"招数"？

这位妻子愣了好一会儿。她在和丈夫谈恋爱时，自创了一个叫丈夫的"昵称"，那时候，她从不叫他的名字，都用这个昵称叫他。婚后，不知道什么时候开始，她渐渐觉得用昵称叫先生太肉麻了，于是改叫他的真名。现在，她的朋友却要她再回头用昵称叫丈夫，她觉得有些别扭，不知是否叫得出口。叫了后，先生又会有什么反应？

朋友劝她，既然别的办法试了都无效，不妨试试这个办法，"死马当活马医"，反正也不会有什么损失。她虽然不抱希望，但又觉得也许这个朋友的办法自有他的道理，索性就试试。

当天做晚饭时，妻子趁着要丈夫去买酱油的机会，用昵称叫了他一声"峰哥"，没想到这么一个小小的昵称，却有神奇的效果。丈夫不但马上"奉旨"去买酱油，还主动帮妻子在厨房切水果、炒青菜。这可是两人闹离婚以来，她从不敢奢望的事呀！

没有多久，丈夫便在妻子一声声的亲昵称呼中，打消了离婚的念头，夫妻之间的冰墙急速的溶解，两个人很快便和好如初。

世界上最孤独的事，莫过于只有肉体接触而没有感情交流，中断了感情沟通，婚姻关系便亮起红灯。上述的例子里，那位妻子的朋友所教她的妙招，简单地说，就是让妻子以昵称来恢复与丈夫的情感交流。

我们若能进入别人家仔细观察，便会发现，恩爱的夫妻常善于用各种不同的方式向对方表达爱意，这种感情的交流是夫妻关系不断深化的根本。

许多夫妇对此颇有创意。有一对夫妻为加深彼此的感情，自创了一种写"夫妻日记"的方法。两人在同一本日记中，敞开心扉，无所不谈：如何增进感情、对家庭与对方的眷恋、讨论支出与收入的平衡……透过日记这个媒介，相互传达深切的感受：温暖－甜蜜－与爱意，让婚姻生活协调和融洽。

还有的夫妻则用"庆贺宴会"的方法，凡是碰到有纪念意义的日子，或是夫妻俩谁达成什么成就、获得什么殊荣，他或她就为对方举行小型的"宴会"，以示庆贺。不一定非得大张旗鼓，不过是冠个"宴会"的名称，在自家的餐桌上，摆一些美丽的餐具，准备了被祝贺者最喜欢吃的菜肴，外加一瓶美酒，简单之至。重要的是，这种宴会搭建了绝妙的舞台，让夫妻双方能在美丽的气氛下交流彼此的情感。

和一些说不出"我爱你"三个字的男人一样，结婚以后，大多数做妻子的往往只用行动表达对丈夫的爱意，很少说一句"我爱你"。

虽然有些默契的夫妻，可以用行动传达比语言更丰富的情感，但这样的夫妻毕竟是少数，况且，即便是这样的夫妻，也经常需要语言的辅助，才能充分地传达情意。更不用说处于调适阶段的年轻夫妻，光用行为传达信息，对方常不能感受得很清楚，因此，就应该常用语言明白的表露情感。

此外，人们常会因为彼此太过熟悉，而忽略了言语沟通的必要，久而久之就养成压抑语言沟通的习惯，造成双方都无法察觉彼此感情需求的结果。不知道彼此的感情需求，又会反过来更加压抑情感的表达，如此恶性循环，两人的关系便越来越冷淡了。

与丈夫保持畅通的情感交流，是妻子"对付"丈夫的关键性第一招。丈夫生日、结婚纪念等日子，买个小礼物送他，或准备个烛光晚餐。随时随地，只要心中有爱，就轻轻地向丈夫说声"我爱你"。保证你的丈夫即使离家在外，想必也无时无刻地归心似箭。

会撒娇的女人
更好命

在夫妻沟通的艺术上，如果你能若把娇功运用得好，真的可以发挥很好的神奇效果。

张妈妈有两个儿子，阿铁和阿钢。眼看着两兄弟都已经到了适婚年龄，张妈妈就经常拜托人家介绍。今天带着阿铁去相亲，明天赶着阿钢去和女孩子约会。去年夏天，大儿子阿铁娶了太太，二儿子阿钢也有了固定交往的对象。张妈妈心里别说有多高兴了，这下子自己也要当婆婆了，看样子不久就可以含饴弄孙了。

谁知道，事情没有她想象的那么美满。阿铁结婚不到两个月，新房里便时常传来阵阵"战鼓"。阿铁从小个性就猛烈如火，没想到千挑万选的妻子也性格强硬如石。遇到两人意见不合时，即使是小事一件，丈夫发脾气，妻子也不好惹，每次都针锋相对，大眼瞪小眼，谁也不让谁，愈吵愈凶，不大战一场不会休止。夫妻战事连连，感情逐渐恶化到彼此都无法容忍的地步，最后只好协议离婚，各奔前程了。

转眼一年过去，阿钢也热热闹闹地把女朋友迎回家成为媳妇。张妈妈这次却是又高兴又担心。高兴的是儿子娶了个美娇娘，担心的是阿钢这对小夫妻，会不会和阿铁他们一样，成天吵个不停，无法白头偕老。当母亲的最了解儿子，阿钢脾气之暴躁，比他哥哥阿铁有过之而无不及，动不动就吹胡子瞪眼，生起气来就握紧了拳头。

从媳妇进门的第一天起，张妈妈就偷偷地密切注意着家里这一对新婚燕尔的年轻夫妻，随时准备要插手调解"战争"。她担心的一天终于来临了，不知为了什么事，阿钢拉开嗓门对妻子大吼大叫。张妈妈听到这大声地"警报"，急忙跑进了小两口的房间。她看见拳头举得高高的，满脸气得红通通的。"你想干什么？你这孩子……"张妈妈话没说完，只见小媳妇既不躲，也不闪，对着丈夫柔情蜜意地笑了笑，娇滴滴地说："好啊，你要是舍得打，那你尽管打呀，打是情，骂是爱嘛。"被自己的妻子这么一逗，阿钢的性子霎时软了下来，把高举的拳头放下，整个脸笑得像喝醉酒的弥勒佛。

一场风波顿时平息了，张妈妈看见二媳妇撒娇和阿钢两人的模样，笑得嘴巴都合不拢。日子一天天过去，张妈妈发现二儿子阿钢的坏脾几乎全都不见了。后来，阿钢自己跟她说："妈，我真拿她没办法，还是她厉害，我彻底被她打败了。"

张妈妈想这不知是那辈子修来的福气，阿铁能够娶到这么一个懂得"撒娇魅力"的二媳妇。

也许有的妻子觉得不以为然："夫妻平等，谁都有自尊心，让我屈服在丈夫的辱骂与威吓之下，还要赔着笑脸，发挥什么'撒娇艺术'？开什么玩笑，我才不要！"要这么想，那你就错了，妻子给丈夫笑脸看，说说好听的话，绝不是软弱的表现，而是显示出为人妻子的智能、修养和气质。

阿钢不是对张妈妈说："我彻底地被她打败了。"面对这样的妻子，除非是那种不知好歹、缺乏智能或与妻子没有感情的丈夫，否则都会在妻子的大方风范前败下阵来而自惭形秽，并在妻子的潜移默化下，自动修正自己的激烈性格和行为。最后的胜利者还是会撒娇的柔弱妻子。

生活不是地板一块，并非到处讲原则讲理性，秩序井然之中若能揉进一曲活泼的旋律，既摇撼不了大厦根基又不至于后院起火，倒是能减轻人心理上紧张的负荷，让沉重的责任感稍许喘息片刻。不过撒娇这秘密武器也不是随处随时都灵验的，要看时间、地点、对象而定。

情绪共享，
增进你们的感情

男人很多时候就像是个大孩子，高兴的时候，希望有人跟他一起分享，有人能够鼓励他；悲伤的时候，总是希望有一句温柔体贴的话来抚慰。因此，妻子在平日如能多关心或体贴丈夫的心，那便是一种情调。

大多数做妻子的，总是不太能理解男人的心情。例如，就算丈夫领先同期的同事升上了科长的位置，很多妻子却仍摆出一副"只不过是个科长，没什么了不起"的表情，或者，又经过几次人事变动后，丈夫仍升不上经理的职务，做妻子又会叹息着说："你是烂泥，扶不上墙还是省省力气吧！"

如果你是聪明的女人应该说："没什么关系啦！当上科长，也不过薪水多个几百块。"这么一来，做丈夫的就能比较宽心。或许，将来他真的升上科长了，你就应该说："太好了！要不要请同事来家里聚聚。"

聪明的女人就是要这样，和他一起分享喜悦。那么丈夫才会更有干劲。

凡是不能和丈夫同甘共苦的妻子，是无法蒙受幸运之神眷顾的。相反的，感受丈夫的喜乐，连小小的失意也会表示温柔关怀的妻子，绝对能为自己和丈夫招来好运的。

程先生是一家上市公司的董事长，这家公司在上市中出现了危机，程先生为了带头领员工渡过难关，并取得股东的支持，他在董事会上宣布从即日起，他个人不领薪水，直到公司转亏为盈。当天晚上他回到家，只对太太说了一句："我们现在开始要吃老本了。"

他的妻子听了，并没有吵闹哭叫，只淡淡地回答了一句："我们一起努力。"

就这样，他们没有再多说一句话，因为他们是心灵相通的人，程太太也知道公司已面临危机。既然老公已说出不领薪水。则必然有他的苦衷和道理。就算她再怎么反对，他也一定不改初衷的。

相对的，做丈夫的也相信自己的太太，只要一句话也就会懂了。

后来，他果然带领公司渡过了难关。这个故事让我们感悟到，男人这辈子最大的资产和本钱。不是物质上的资源或钞票，而是女人的贴心支持和智慧，当男人遇到了难关，就算他老婆再有钱，可以用钱来渡过难关，但潜在的问题仍然没有解决，对男人根本没有实质帮助。

事实上，男人这时候最需要的不是钱，而是女人的鼓励和支持，因为，这是男人事业成功的最大本钱。无论看起来是多么有男性气概的男人，一旦落魄失意时，就会比女人还要惶恐和软弱。

大体来说，男人落魄后再重新站起来的有两种类型。

第一种是像上了发条的人，他会一点一滴地慢慢爬，靠自己的力量重新站起来；另外一种，是有贵人伸出援手，他就像变个人似的，很快地爬起来。

第一种人如果没有得到贵人的援助，当他爬起来时，恐怕自己早就老了。然而，相对地，这种人一旦再站起来，就会比较踏实且稳重。

在最困难的时期，能够为他上紧发条的，恐怕就是他身旁的女人了。

如果在这种从谷底往上爬的艰苦阶段，女人放弃了他，我相信这个男人很难爬起来。因为，男人一旦失败一次，自信和胆识都会消失殆尽，这是每个男人都会有的反应，连那些伟人或英雄，大部分都经历过这个蜕变的时期。当男人失去了自信和战斗意志，身边如果又来个有男子气概的女人或老婆，必然只会用粗暴语言或刻薄挖苦的方式，来刺激男人，这时，男人一定会更受不了压力而逃得远远的，甚至失去了从头开始的勇气。

如果这时身旁的女人，懂得用包容关爱的方式，再用有女人味的撒娇式激励法，唤起男人体内天生的男性气质，那么，假以时日他必然会重新燃起男人专有的战斗意志。

如果在这个关键时期，女人离开了他，男人体内的战斗力就永远无法再开启，因此，女人的关心是开启男人能量的钥匙。与你的丈夫共享欢乐与悲伤吧，患难夫妻更长久！

$$\Bigg[\quad \begin{matrix} \text{小脾气，} \\ \text{大魅力} \end{matrix} \quad\Bigg]$$

女人有时爱使小性儿，虽然时常会让男方感到莫名其妙，甚至有些束手无策，但是却总会让对方觉得女人很可爱，很有情趣。特别是初恋时分的少女，更是三天两头地上演一番。常常是刚才还谈笑风生的，突然就不说话了，嘴巴也渐渐地撅起来，男人越是着急询问，她越是一百个不搭理，男人仿佛堕在五里雾中。她的眼里倒有委屈的泪珠子沁出来。如在室外，她也许会猛然掉头回家了，把男人撂在街头发呆。

女人使小性儿时，大多是刚才男人在不觉之中有话说得不妥或有事做得不妙，且只是小不妥或小不妙，她又不便公开发作，只好在心里生闷气，一不小心，就挂在了脸上。细细分析起来，女人使小性儿大多"醉翁之意不在酒"。根据具体情况的不同，其目的不外乎这样几个方面：一是报复性地反击对方一下，让对方说话做事有所"检点"；二是试探对方对她的情感深度，看对方是否非常介意她的一举一动：三是一种另类的撒娇方式，我且称之为"冷撒娇"；四是尝试着操纵对方，以期对方打起白旗围着她旋转……当然，有的女人使小性儿的时候，心里并未怀有明确的目的，一切只是藏在潜意识里。

女人总是喜欢动不动就对男人提出异议。约会的时候，如果男人说："我们去散散步。"她就会说："我累了。"如果男人说："我们去喝茶吧！"她就会说："我还想再走一走。"一定有不少男性曾经被这种别扭的个性，搞得不知如何是好。

如果要下一个结论，女性的这种"反复无常"，其实在某些时候。可以说是在卖弄风情。事实上有些时候，女人反而希望男人不顾她的抗议，强迫她听从他的安排。特别是当女人所反对的是件微不足道的小事时，正是她要看男人的反应，以确认他对自己的感情。当太阳下山的时候，邀请女性去兜风，她们常常会有异议："现在去兜风？那回来岂不是很晚了？"如果这个时候男人顺从她，打消这个念头，绝对不是上上之策。

女性会故意提出这些"伪装的抗议"，有两种目的：第一种是为了要看自己喜欢的人，会不会拒绝自己的反对意见，以证明他是否有男子气概；第二种则是为了试探对方的心意，故意在一些小事情上跟他唱反调，以激怒对方。直接地说，女人对男人的抗议，其实是一种撒娇的表现。和她争辩的话，很可能她反而会认为他是一个没度量的男人而讨厌他。

其实，女性的这一心理，实际上是出于一种下意识的自我保护，通常她们会想如果在恋爱时对方都不让着她，那以后的日子还怎么过？所以女孩子在恋爱中会有意无意地给男友设置一些障碍，看男友是否能容让自己，耍脾气只是其中的一种考验方式，当然也是最常用的一种方式，比如，在约会时自己故意迟到，主要看男友会有什么反应，只要他稍有不愉之色表露出来，必然会遭到女友的"狂轰滥炸"。

其实发脾气的女人是很可爱的，如果和一个从不发脾气的女孩待在一起，就好像喝白开水，虽然解渴，时间久了肯定会觉得索然无味，因为人的天性就是喜好新奇，不喜欢一成不变。

一位著名男士说："女人爱用魅力和发脾气来使男人屈服。"

他真是太了解女人了。不是每个女人都有魅力，但每个女人都可以发脾气。我们自知不是美人，然而，在那个爱我的男人面前，我们也自信自己有美丽的一面。

电视连续剧《过把瘾》中的女主角杜梅，就是这样一个在爱情上喜欢耍心计玩伎俩的女人。她邀心爱的男友去舞厅跳舞，当男友征得她同意后被前女友邀进舞池跳舞时，她的爱意一下转变成醋意，于是便小施心计邀一位陌生男人跳舞，并故意显得很亲热的样子，想以此刺激报复自己的男友，不料男友未被刺激，她自己倒先受刺激，一气之下走人，吓得男友好一阵寻找。

杜梅此举有几层用意：一是真吃醋也真动气了，因为她爱得深切，容不得男友有一丝心驰旁骛；二是想考考男友在她不辞而别之后会不会心急火燎地来追寻她，假若来追她，证明男友在乎她的爱，也许她离开舞厅时也知道这是一次小小的冒险，不过她还是要试的；三是她还想试试男友对她的耐心有多大，即使我生气了，即使我把门关上不让你进屋靠近我，你有多少耐心隔着门来"烦"我呢？

一般稍微聪敏一点的男人，大都能识破或洞穿女人的这种可爱的"小伎俩"的。说她可爱，是因为女人在他面前卖弄千种风情、耍尽百样伎俩都是为了一个目的：看看男人是不是真爱她？

随着结婚日久，女人的小性儿会越使越疏，一方面女人不再动用那么多心思了；另一方面，男人早已熟知了对方的把戏，不再精心对待了。倒是进入老年之后，女人"老树着新花"，时常会重拾旧技，频繁地使起小性儿来，甚至引得男人也时不时以牙还牙。生活中使使小性情，可以给生活增添一点小情趣，也就更加有滋有味。

爱笑女人
也会哭

　　女人的笑可以融化男人的内心。当一个女人对一个正在愤怒中的男人微微露出笑意时，男人心中的怒火很快就会悄然冰释，笑里的信息像一股清泉流进他的心田，滋润他荒芜、干涸的内心，使他的眼神充满光彩，内心充满自信。

　　女人的笑有多重含义。当一个女人脸上洋溢着平静、温和的笑容时，说明这个女人过得很满足，这种笑容在结过婚的女人脸上很容易找到。当一个女人露出羞涩的笑容时，这个女人一定对这个男人含有另一种感情。

　　女人的笑里，有着比男人的笑多得多的内容。女人的笑里蕴含的东西太多太多了——或许是脉脉含情的勾引，或许是隐而不露的撒娇，或许是恰到好处的媚态，或许是引而不发的挑逗，或许是一种幸福感的流露，或许是一个深深的陷阱，或许是一种情感承诺，又或许是一种极现实的揶揄，甚至是愚弄和讥讽……

　　会笑的女人大半总是令人喜欢的。有谁会喜欢那种成天哭丧着脸的女人呢？可是怎么叫会笑，就很难说得准了。女人若是会笑，她就能笑出花儿朵儿来，笑出千娇百媚来，古时候不就有"千金买一笑"的说法吗？女人要是不会笑，她的笑便总是那么傻乎乎的，跟红楼梦里的那个百事不思的傻大姐似的。那就怎么着也不成。

　　所以，女人要不会笑，情形就很悲哀也很糟糕了。

　　有一种笑是微笑。微笑是彼此心灵沟通的钥匙，各种肤色的人都喜欢用微笑向人们打开心灵的窗户，向对方呈致诚意。微笑是畅通无阻的通行证。

　　陆谛是一位娇小玲珑的温柔女人，丈夫高大魁梧，性情暴烈，但在家庭生活中两人却很少发生激烈的争执。究其原因，陆谛说："他在气头上时我从不火上浇油，不论他多么生气，我都对他微笑，一般来说，他很快就能平静下来。虽然他经常大发脾气，有时气得手都发抖，但我只是低声劝阻，简洁而有力地告诉他做一件事的目的，而发火于事无补且能带来不利后果。因此，有时他嘴上不服输，但终归是听从了我的劝告。面对他的暴烈，我只有微笑。用微笑一方面暗示他事情没那么严重，以减轻他心里的压力，一方面暗示他这是不可取的办法。我发现以柔克刚是一个屡用不败的办法，尤其是面对一个强大的男人时。当然，当微笑不起作用时，我会用简洁而有力的话语警告他，但我绝不和他吵，偶尔一次放下脸来，他会很震惊，自然会三思而后行。我百分之九十九柔，但有一分刚，我不会柔得一塌糊涂。"

　　微笑，是一种你可以付出的快乐。你若心情愉快时和人擦身而过，对方从你的脸部表情、走路姿态都能感受到你的快乐。仿若春风拂过一样，他也会感染到一丝的喜悦。

　　微笑，使人脸上透着安详、慈善，它是一剂镇静剂，使暴怒的人瞬间平静下来，使惊慌失措紧张不安的人立刻松弛下来。魅力女人的微笑让人感到慈悦的母爱、温柔，既让人宁静又使异性怦然心动。

　　女人的笑又是充满神秘感的。蒙娜丽莎的笑容，给人许多想象的空间。她是在面对着她的情人，还是在回忆一件美好的往事，这些都已无从考究。也许画家给你的就是一个充满想象的创意，这种神秘莫测的效果，正好迎合了人们的多重想象空间。所以，笑是女人最能迷惑人的一种"秘笈"。

　　会流泪的女人，不用说一句话，只要一滴泪珠，就会激起大男人的保护欲，就会引发男人的冲动。怜香惜玉是男人值得表彰的天性，会哭的女人是一种可爱的动物，不管美丑，女人只要会哭，总能从男人那里得到保护和怜惜。

眼泪也是女人的一种秘笈，正如笑容一样。女人的泪腺比男人的发达。我们之所以很少看见男人当众哭泣。是因为在人类的进化史上，一个男人如果流露感情，尤其是在其他男人面前流露感情，就会把自己置于危险的境地：流露感情会使他显得软弱，易受攻击。但是，女人流露感情，尤其是在其他女人面前流露感情，则被看作是对对方的信任。因为通过哭泣，她把自己变成了婴儿，把对方变成了有保护欲的母辈。

男人始终弄不懂女人怎么天生就有那么多的眼泪。男人最受不了的，大概也是女人的眼泪。女人的眼泪能让男人不知所措，心绪烦乱，甚至意志和感觉统统陷于沉迷状态。而男人一旦失了主意，便极可能干出种种不理智的傻事儿来。所以，没几个男人能见得女人的眼泪。平常，男人一见着女人苦兮兮地哭，他就立在一旁干着急没办法了，哄也不好哄，劝也不好劝，最后的结果只有男人统统让步。

某天，阿薇和老公因为买一件连衣裙而闹得不可开交，阿薇觉得很委屈，鼻子一酸，哭了起来，这下可好，在大街上一哭就是半天，引来了不少围观群众，老公急得直跺脚。终于忍耐不住了：

"……好好好，好啦好啦，就依你，就依你啦，这总行了吧？"

老公这一说，阿薇就破涕为笑，傻乎乎地含着眼泪乐了。阿薇斜了老公一眼，嘴里还要嗔怪地说你一句："你真讨厌，老让人家伤心！"

你可以仔细地研究研究女人的哭，女人的哭其实同小孩子的哭没有什么本质方面的不同。小孩子的哭首先表示了一种依赖性，他在一切方面都需要大人去照顾他。俗话说："会哭的孩子有奶吃。"哭表现了一种情态，女人哭的目的，便是要求男人满足她某一种或是某一方面的欲望和愿望，要求男人随了她的心愿去动作，如此而已。

男人不怕老虎，但对女人的眼泪却惊慌失措。不是男人怕女人的眼泪，而是女人的眼泪提醒和激发了他雄性的英雄气概，他觉得自己没有保护好弱者，这是他的无能与可耻。但是，努力奋斗、吃苦耐劳的妻子们在繁杂、沉重的家庭生活中却忘了男人的英雄气概，她们从以往的教育中听到的都是"莫斯科不相信眼泪"之类的奋发图强自强自立的警世语，不自觉地用于夫妻生活中。何况，对于一个不富裕的小家庭，一个勤劳坚强的女人其作用是多么的重大。但她们过于坚强了，她们自觉地"顶半边天"，她们把眼泪当做可耻的软弱。她们不但自己暗地里抹眼泪，而且学会不流眼泪，有时甚至把自己柔弱的肩膀送给男人依靠。尤其当了母亲之后，母爱一泛滥，母亲坚强的性格瞬间就顶天立地矗立起来。这种美德既让男人感动，又让男人反感，因为他快被她母性的高大压倒了。

殊不知，男人的大丈夫英雄气概最容易被女人的软弱、无能、无依无靠所激发，而眼泪是最好的方式，默默地流泪胜过千言万语的唠叨。这也是许许多多能干能吃苦而又事业有成的女人不理解寄生虫般无能的女人反倒受丈夫宠爱的原因。当男人身上近似父爱的感情被激发时，他是会像娇惯女儿一样地去娇惯妻子的。

女人不美没关系，女人不会哭就太不可爱了。女人是水做的，哪个男人不喜欢如水一般的女人呢？所以，女人哭吧，哭成梨花带雨，用泪水让男人投降。

女人的眼泪有许多妙用。它可以是恳求，可以是要挟，可以是进攻，可以是撤退，可以是痛恨，可以是关怀。一切依照女人的心情而定。也可以毫无意义——无聊时她们找个借口流一会儿泪，好比男人没事儿点一支烟。聪明的女人往往会把哭这一招用到极致。在男权占上风的社会里，流泪让她们战无不胜。

做需要男人的温柔女人

你是否是一个小鸟依人的女人呢？恋爱的时候，你总是小鸟依人般温存可爱，时而与恋人耳鬓厮磨、亲密无间，时而撒点小娇，让人爱怜。可是一旦踏入婚姻，昔日的恋人变成了夫妻，你的心态也随着角色的转变而变化，不仅变成了妻子，也成了管这管那的老大妈；生了孩子之后，天生的母性更是让你把注意力完全放在了宝宝身上，与丈夫俨然成了陌生人。

从恋爱走向婚姻，许多女人都忘记了女人温柔缠绵的一面，以为夫妻关系在任何情况下都可以永远保质，失去了本有的魅力。

当然，"小鸟依人"不是一种依赖。依赖是一朵毒菌，令男人心力交瘁；依赖中的女人大多也是悲剧的产物。而是一种依恋，是孕育亲密与激情的香薰。

有一个女孩叫陈静，她的老公王峰不仅人高马大，而且特别有钱。还记得结婚那天，盛况非凡，一辆加长林肯开路，后面一排带花环的奔驰随着，整条街道都沉浸在一片祝福与羡慕之中，让人觉得世界上最大的幸福也莫过于此。

新婚后，王峰对陈静很好，还为她开了一间精品屋专卖店。王峰把陈静的一切都安排得非常好，经济上的宽裕，生活上的舒心让陈静觉得自己生活在蜜河里，甜甜的。

可是，噩梦就是这样静悄悄地降临到这个自以为幸福的女人头上……

一日，陈静去街上吃完早饭回来，一进门便发觉气氛不对，在门厅里就听见王峰和一个女子的调笑声。

进门后，眼前的一切让陈静惊呆了。没等她开口，她就被王峰一把推了出来。气急败坏的陈静只得隔着门喊了几声："要鬼混到外边去！以后再也别回来！"

这一声怒吼让原本甜蜜的夫妻生活告一段落，从此，王峰再也没有把别的女人领回家，但是自己回家的次数也有限了。陈静每天一个人呆在家里，独来独往。生意上没有老公的照应也举步维艰。终于有一天因自己生活难以自理，郁闷成疾住进了医院。

是的，女人应该学会"小鸟依人"，给予丈夫一份怜爱你，宠你的心情。然而过分地依赖只会让女人总向坟墓。正如陈静，曾经丈夫是她的一片天，支配着她的阴晴雨雾。然而有一天她的天塌了，世界依旧运转，可是她却已经失去调节自己生活的能力。

当繁重的工作结束后，男人总是渴望着那份属于妻子"小鸟依人"般的温柔，这不仅仅可以让他放松所有的紧张与无奈，并且也由此满足了属于他心底那份最纯真的温情的希冀，从而产生无尽的亲密感。做"小鸟依人"型的女人，并不是每天跟在丈夫身后形影不离或什么事情都让丈夫来代做。真正的"小鸟依人"是在适时适地地把你的温柔展现出来。聪明的小真，却选择了与陈静完全不同的另外一条道路，即"依恋"而不"依赖"。

李同出生在20世纪70年代，去美国留学回来，创办了网站，社会经验和人生阅历颇为丰富；妻子小真现在为某知名杂志主编。

最初的甜蜜岁月里，小真是李同的"掌中宝"。待李同做了CEO以后，李同就成了个事业狂，尽情地在外面忙碌，整天不见他人影。时间久了，距离的隔阂让彼此不免产生摩擦，但是聪明的女人总是有能力去化解。

凭着对李同多年的了解和信任，小真努力调整自己，不去过分追究李同的行迹，并让"依赖感"尽快从自己的词典里消失，小真学会了"自己动手，丰衣足食"。偶尔赶上李同回家早，一家人坐在一起吃一顿团圆饭，她总是心生感激，并珍惜着一起的分秒点滴。用丈夫的话讲：我老婆变得越来越小鸟依人了！

　　事实证明，"小鸟依人"型的女人善于经营爱情与婚姻，会在丈夫有闲暇和心情好的时候，隔三差五地提出一些无关痛痒而又有情调的小问题让丈夫帮忙，比如说让丈夫给自己描描眉，偶尔撒娇让丈夫给自己买个小礼物，使丈夫有一种被妻子依靠的尊严感。而且，这种交互式的交流是夫妻间沟通的一种最佳方式。

宽容大度的女人得男心

生活中女人要懂得以宽容的心去包容。善解人意、宽容大度、胸襟开阔是好女人所具备的品质，更是现代女人所不可或缺的品位。

"别为打翻的牛奶哭泣"是英国的一句谚语，它的意思与中文中的"覆水难收"有几分神似，是说事情既已不可挽回，那就别再为它伤脑筋了。错误在人生中随处可见，有些错误是可以改正，可以挽救的，而有些失误则是无法挽回的。面对人生中改变不了的事实，聪明的女人自会淡然处之。

很多时候，痛苦常常就是为"打翻了的牛奶"哭泣，常留心结，挥之不去。本来从容、豁达，行之不难，不是什么大智慧，现在却成了社会的稀有之物，成了大智慧，真让人三思。

牛奶已经打翻了，哭又有何用呢？大不了重新开始嘛！有那么难吗？女人需要爱，更需要快乐，但快乐不是拥有的多而是计较的少。

人生之中，不如意的已经太多，何不让美好的、真诚的、善意的留在心底，常怀感恩之心看待身边的人和事，笑着面对生活呢？

现代女人做事不斤斤计较，总是有能力把复杂的事简单化，简单的事单一化，用一颗平常的心热爱生活，无欲无求，宠辱不惊，这何尝不是一种快乐，不是一种满足，又何尝不是一种超然？

或许你会说站着说话不腰疼，但是，在人生中，有那么多的无能为力的事——倒向你的墙、离你而去的人、流逝的时间、没有选择的出身、莫名其妙的孤独、无可奈何的遗忘、永远的过去、别人的嘲笑、不可避免的死亡、不可救药地喜欢……与其悲啼烦恼，何不一笑而过？

记住该记住的，忘记该忘记的。改变能改变的，接受不能改变的。能冲刷一切的除了眼泪，就是时间，以时间来推移感情，时间越长，冲突越淡，仿佛不断稀释的茶。

快乐要有悲伤作陪，雨过应该就会天晴。如果雨后还是雨，如果忧伤之后还是忧伤，请让我们从容面对这离别之后的离别。微笑地去寻找一个不可能出现的你！

你出生的时候，你哭着，周围的人笑着；你逝去的时候，你笑着，而周围的人在哭！一切都是轮回！

人生短短几十年，不要给自己留下什么遗憾，想笑就笑，想哭就哭，该爱的时候就去爱，无须压抑自己。

当幻想和现实面对时，总是很痛苦的。要么你被痛苦击倒，要么你把痛苦踩在脚下。

生命中，不断有人离开或进入。于是，看见的，看不见；记住的，遗忘了。生命中，不断地有得到和失落。于是，看不见的，看见了；遗忘的，记住了。然而，看不见的，是不是就等于不存在？记住的，是不是永远不会消失？

说来奇怪，女人的心胸具有极大的伸缩性，这大概也算是世界之最了吧。女人的心可以宽阔似大海，也可以狭小如针鼻儿。生活中，相当一部分女人心胸比较狭小。但是，这具有深刻的社会历史原因：一是长久以来的社会分工。母系氏族社会崩溃后，由于生理方面的原因，女人的活动范围被限定在了较小的空间内。二是漫长的封建社会对妇女的歧视。几千年的封建社会给女人制定了许许多多苛刻的行为规范，女人必须足不出户，女人必须笑不露齿，女人必须循规蹈矩，女人不能够上学受教育，女人必须在家从父，出嫁从夫，夫死从子。说不清从什么朝代开始，女人还必须包裹成小脚。女人的思维和行动范围被严格规范在了庭院以内。女人视野的狭窄决定了其目光的短浅和心胸的狭小。

心胸狭小是很多女人的致命弱点。从小处来说，心胸狭小不利于建立和谐温情的家庭关系，不利于形成良好融洽的人际关系；不利于身体和心理的健康。从大处来说，心胸狭小不利于女人家庭地位、社会地位的提高，不利于女人的彻底解放，不利于女人在事业方面的进步和发展。

现代女人知道如何去做一个心胸开阔的女人。她们会站得更高一些，扩大自己的视野。当我们近距离盯住一块石头看的时候，它很大；当我们站在远处看这块石头时，它很小。当我们立在高山之巅再来看这块石头，已经找不到它的踪迹了。有了更宽广的视野，就会忽略生活当中的很多细节和小事。

现代女人会努力学习，做生活和事业的强者。嫉妒总是和弱者形影相随的，羸弱而不如人，便会生出嫉妒他人之心，女人应当自尊自强，用自己的努力和能力去证实和展示自己。女人为什么不能像男人那样也成为一棵大树呢？

现代女人学习正确的思维方式，学会宽容别人。和丈夫发生不愉快时，多想想丈夫对自己的恩爱；和朋友发生不愉快时，多想想朋友平素对自己的帮助；和同事相处不愉快时，多想想自己有什么不对。看别人不顺眼时，多想想别人的长处。

现代女人会设身处地替别人考虑，遇事情多为别人着想，多点关心和帮助他人。现代女人会加强个人修养，主动向身边优秀的人学习，善于取他人之长补自己之短，培养独立和健全的人格。另外，多参加健康有益的社会活动和文娱活动。

心胸开阔、性格开朗、潇洒大方、温文尔雅的女人，会给人以阳光灿然之美；雍容大度、通情达理、内心安然、淡泊名利的女人，会给人以成熟大气之美；明理豁达、宽宏大量、先人后己、乐于助人的女人，会给人以祥和善良之美。聪明的女人，知道如何去做一个心胸开阔的女人。

人一生要遇到很多不顺的事，女人同样如此。如果你遇事斤斤计较不能坦然面对，或抱怨或生气，最终受伤害的只有你自己。林黛玉最后"多愁多病"含恨离开人世，薛宝钗得到了想要的男人。要知道，容易满足的女人，才会更加幸福。

一个现代女人，懂得如何表现自己，成熟、优秀、文雅、娴静，各种气质与品位都可以在举手投足间得到最好的体现。现代女人，可以没有惊艳的容貌，但不能没有清新淡雅的妆容；可以没有惹火的模特形体，但不能没有匀称的身材；甚至可以没有优越家境的熏陶，但绝对不能没有与世无争、不争名逐利、闲适恬淡的处世态度，不能没有忍耐、理解和宽容的良好品质。

[
嘴碎女人
不可爱
]

在婚后的共同生活里，夫妇之间很少有不吵架的。但是男人往往感觉到最烦人的就是妻子无休止的长期唠叨。男人既不爱听，更不想听女人的唠叨和抱怨。工作中给男人的压力已经很大了，男人更加渴望女人的温柔与体贴。

诉苦、抱怨、攀比、轻视、嘲笑、喋喋不休——喜欢唠叨和挑剔的女人，在这些残酷的待人方式之中，如果不是专精于其中某一项，就会变成兼而有之的全能"专家"了。唠叨就像麻醉药，你学不来，也改不掉，它是在习惯中养成的。

女孩子在二十岁当新娘的时候，如果只知道常常唠叨，而不知什么时候才能住进像邻居那么好的新房子，那么等她到了四十岁的时候，她一定会变成一个无可救药的、对任何事情都难以满足的、毫不可爱的抱怨专家了。

弗吉尼亚大学教授沙姆·W.史蒂文博士在最近的一次演讲中，呼吁美国的丈夫们应该享有四种新自由：免于被唠叨和挑剔的自由，免于被呼喊指使的自由，免于消化不良的自由，以及在一天的繁忙工作之后换上旧衣服放松放松的自由。

为什么女人要对她们的丈夫唠叨不停呢？理由还真不少。有时候，唠叨是一种身体不舒服的症状。经常找医生做定期的健康检查，可以使我们身体健康，这就像定期检查汽车，使它们能够保持良好的驾驶性能那样。

长期的疲乏，常常会转变成一种喜爱唠叨的倾向。最好的治疗方法是，把你个人的生活安排得更有效率，找出造成疲乏的原因，并且消除它。

心理学家分析说，"受到压抑和打击，常常会造成唠叨。"婚姻问题、性的挫折、爱的失落，以及内心对生活的不满——这些都是人生中沉重的打击，女人常常会以唠叨、埋怨或诉苦的方式发泄出来。分析一个人的心理，找出这些挫折，并且引导它们使之发泄出来，这就是消除它的最好方法。而用唠叨的方式来发泄不满，只不过是在火上加油。

如果你也相信唠叨对男人的工作和成功是一个巨大的障碍，那你是不是也想知道，有没有什么补救的方法？是的，如果爱唠叨的人能够了解唠叨所带来的痛苦，并且真心想要改正的话，就一定会有办法的。

以下五条建议可能对你有益：

1.取得丈夫和家人的合作

每当你快要发怒、想下达严格的命令，或是对细小的问题喋喋不休的时候，请他们罚你二十五美分。

2.任何话只讲一遍，然后就忘掉它

如果你必须很不耐烦地提醒你的丈夫六七次，说他曾经答应过要去割草却没有去，想必他现在大概也不会去割了，那你为什么还要浪费口舌？唠叨只不过会让他更想要拒绝，并下定决心绝不屈服于你。

3.用温和的方式实现目的

"用甜东西抓苍蝇，要比用酸东西有效多了。"我们的老祖母常常这么说。其实，这句话直到今天还是很正确的。

"如果你愿意去割草，亲爱的，我将烘好你所喜爱的水果饼，让你在晚饭时吃。"或者是，"亲爱的，我真高兴看到你把我们的草地修得这么整齐。艾莲·史密斯说，她真希望她的丈夫也能够像你这样勤快。"

4.培养幽默感

幽默感将会使你常常保持良好的心情。只有傻子才会在悲伤的时候傻笑。但是对任何小事都不高兴的人，早晚会精神崩溃的。例如，有些太太在催丈夫到浴室去拿浴巾的时候，竟然也会大动肝火。我们之中有些人却常常浪费精力，紧绷着脸，为了一些微不足道的琐碎小事，而把爱情转变成怨恨。

5. 冷静地讨论不愉快的事件

当发生不愉快事件的时候，想办法在纸条上写下来。在它发生的时候不要说什么话；然后，当你和你的丈夫都很冷静和安宁的时候，再把它拿出来共同讨论。如果它只是微小而不重要的事情，你们一定会不好意思再提它。你们必须理智而且不意气用事地讨论自己之所以发怒的主要原因，看看能不能通过相互信任和合作来消除矛盾。

婚姻修成之
做好贤内助的
爱家女性

5

在家庭中，妻子的表现对丈夫和孩子具有决定性的意义。虽然丈夫和孩子也有责任，但是关键的影响在于妻子所创造出来的环境氛围，以及她所表现出来的态度。妻子不能陷进庞杂单调的家务中，忘了家庭的真正目的——为最爱的丈夫创造出一个温情的、安全而舒适的港湾。没有一个男人不恋家，只要你的家充满理解，充满温馨，让丈夫在这里得到充分栖息，没有哪个男人会放弃自己的家。作为父母必须要清醒地认识到，教育孩子是父母不可推卸的责任，父母的一言一行，都将对孩子产生不可忽视的影响，有时候这种不易察觉的影响，也许会伴随孩子的一生。婚姻就像一座两人共同建立的花园，只有一起种植、培土、灌浇，才能让它不断的成长、繁荣。

为男人打造
一个温暖的家

家，是心灵的归宿，是每天劳碌工作后的港湾。每天丈夫辛勤工作了一天，疲惫地回到家中，他希望感受到一种怎样的气氛呢？什么样的家庭环境能让他恢复精神，第二天早晨信心百倍地去工作呢？对于你丈夫的事业与家庭的和谐，这些问题的答案比你想象中的重要得多。

柯里福特·亚当丝博士在《妇女家庭》杂志上成功地开设了一个专栏——"怎样创造幸福婚姻"。她说："在家庭中，妻子的表现对丈夫和孩子具有决定性的意义。虽然丈夫和孩子也有责任，但是关键的影响在于你所创造出来的环境氛围，以及你所表现出来的态度。"

任何一个家庭都需要具备一些基本要素，有了这些，丈夫们就能够以最高的效率工作。

[轻松]

就算一个男性对自己的工作热爱得无以复加，但在某种程度上来说，工作仍会带给他紧张情绪。如果这些紧张能够在他回家后消除，那么不管是他的内心情感、还是身体机能都会得到放松，第二天会用更饱满的热情投入工作。

每个女性都希望成为好的家庭主妇，但是有时候好得太过分，男性在家里反而得不到休息和放松。在我年幼的时候有这么一个女性邻居。她规定：孩子们不可以带朋友回家，因为会弄脏干净的地板；丈夫不能在家里抽烟，因为会使窗帘沾上烟味；不论是谁，看完一本书或报纸，必须马上放回原处。这种情况非常普遍，也许这种行为是一种精神病症状。戏剧《克莱戈的妻子》中的女主角哈力莱特·克莱格也是这样一个女性，事实上很多女性和她有相似之处。哈力莱特·克莱格的生活重心就是家里要绝对保持干净，她甚至无法忍受放错的坐垫。朋友们来访会把东西搞乱，所以她不欢迎。而她那正常的、不拘小节的丈夫被她看成是破坏专家，因为他打乱了自己精心创造出来的冷酷的完美。由于乔治·凯里所写的这部戏剧受到了普遍的欢迎，最后获得了当年的"普立策奖"。在美国基督教家庭生活的二十届年会上，罗波特·奥丁华特博士——美国基督教大学精神科教授做了一次演讲，他认为妻子们对于家里一尘不染的洁净的愿望是"美国文化中最大的压迫"。

当我们看见辛辛苦苦收拾干净的客厅被丈夫们弄得乱七八糟，丢满了报纸、烟头、眼镜盒还有其他各种东西。妻子们常常会有一种冲动，想拿一把钝器狠狠地修理他。但是在大骂他是个没良心的家伙之前，我们不要忘记，只有家里才是唯一能够让他恢复自我、放松心情的地方。

[舒适]

妻子在装饰和布置家庭时必须牢记，男性最需要的是舒适。女性眼中迷人的东西——精致的桌椅、柔软的毛织物以及过多的装饰品都会让一个身心疲倦的男性厌烦，他急切渴望的是一个搁脚、放烟灰缸、报纸、烟斗的地方。如果你见过单身汉的房间，就不难知道男性喜欢的布置方式。

鲁易斯·派克是一位家庭医生，最近，他又将自己的办公室重新装修了一番，换上了覆盖着皮革的纯木桌子、宽敞舒适的沙发、巨大的铜制灯，以及没有一丝皱褶、笔直下垂的窗帘。这个办公室也属于他的家。一些候诊的男病人都颇羡慕地观察他的陈设。华特尔·林克是另一位擅长布置家居的单身汉，他在纽约市买下了一间超现代的公寓。但他是新泽西州石油公司的地理学家，工作需要他常常在全世界的偏远角落里转悠。于是他利用工作之余买回的各地的特色纪念品装饰自己的房子，比如爪哇的手工织染布、刚果的木雕、东方的象牙工艺品。现在林克先生的公寓是一个迷人的场所，因为它既宽敞明亮又舒适，同时还极具个性魅力。很少有女性布置的房子能达到他们的要求，无怪乎这些具备结婚资格的家伙迟迟不肯结婚，而愿意做单身汉。

我们布置房间的时候，通常很少考虑男性对于舒适的要求。假如你的丈夫时常会破坏你辛苦布置好的家，这可能说明你布置的方式有问题。他是否会随手乱丢报纸？可能是茶几太小，或者茶几上摆满了装饰品以致他找不到放报纸的地方；他是否会将烟灰"到处乱弹"让你不能忍受？那么，为他多买几个大型的烟灰缸；他是否会经常把脚放在你精致的脚凳上？那么，为他买个牢固的、塑料的脚垫，将你的心爱的脚凳摆在客厅。

为他准备一个放烟斗、照相机、收藏品和报纸的固定地方，不要让他只能将这些东西和其他杂物放在一起，扔在阁楼的角落里。

如果一个男性在家里觉得很舒服，就不会想到别的地方去。

[有秩序和清洁]

如果家里是这样的情形——很少准时开饭；早上的盘子到了晚饭时间还在水槽里没有洗；浴室里堆满脏东西；卧室也是乱七八糟，没有整理，这种混乱的状况会使男性离开家去球场、酒吧甚至妓院。对大部分男性来说，他们宁可住在收拾整齐的茅草房里，也不愿住在遍地狼藉的漂亮屋子里。除了可以忍受自己的凌乱之外，几乎没有办法忍受别人的不整洁。

任何一个有修养的丈夫，对于偶然发生的错失都是能够体谅的。他会在大扫除时愉快地吃剩菜，当我们碰到一些不寻常的问题必须应付的时候，他也会帮我们解决——但是一定要记住，这种事情不能经常发生。

[愉快安详的气氛]

家里的气氛，主要是女人的责任。你的丈夫在工作上的表现，将会受到你所创造的家庭环境的影响。

作为妻子，你不会希望丈夫完全被他的工作占据，或是身体和精神完全被工作控制。但是，你又希望他在工作上有最好的表现。如果你能创造一个快乐而安详的气氛，等着他回到家来，你就能够使他在这两方面都如愿以偿了。

保罗·柏派诺博士是洛杉矶家庭关系协会会长。他认为，家庭应该是男人的避难所，它应能使男人从业务的纠缠中得到安宁。他说，"在现代商业中，并不像野餐那样轻松愉快。他必须整天和对手竞争，在各种情况下都是这样。当下班铃响的时候，他就会渴望安详、和谐、舒适、爱情……"

"在公司，大家都只看到或是想办法找他错误的地方。只有在家里，有个天使看到他最美好的一面；这位天使不会把她自己的困扰加给他，也不会替他制造一些新的困扰。她恢复了他的能力，保护了他的精神，在情感上使他愉快，使他在第二天早晨充满了精力和热忱。"

柏派诺博士说，"在家里创造出那种气氛的妻子，她能够在丈夫的生活中尽到妻子的责任，可以说是最了解自己职责的人了！"

[创造夫妻共同的家]

让丈夫觉得在他家里像个国王，而不是在娇艳的女性王国里当个笨拙的破坏专家，这种努力对于妻子来说是很值得的。

当你的家庭需要一件新家具，或是重新装饰的时候，你应该征询他的意见，两个人共同决定，而不只是把付款单交给他而已。为了买你丈夫所想要的摇椅，你应该放弃你心爱的古典式沙发。也许你会埋怨，但是，你通常会发现，他对家的喜爱和你是同样深的，而且，如果他对于家里的事情拥有更多的决定权，家对他的意义将会更大。

男人对于家庭的关心，和你是同样的——他需要一种感觉，觉得家庭没有他就不完全。

我认识一个女孩子，她擅长花很少的钱来装饰屋子，所以她的房子充满精致、迷人、近于完美的味道。可是，这个女孩子却嫁给了一个高大的、浓眉粗发的、烟斗不离口的男人。她的丈夫在这个女性化的环境里，完全格格不入。他爱他的妻子，但是他在自己的家里觉得非常不自在，所以他只有和他的朋友去钓鱼，或到他可以表现自我的森林里去玩。妻子不停地抱怨丈夫，但是她仍然坚持把家布置得只合于她自己。

妻子不能陷进庞杂单调的家务中，忘了家庭的真正目的——为最爱的丈夫创造出一个温情的、安全而舒适的港湾。

[上的厅房，更下的厨房]

人们常说要想抓住男人的心，先得抓住男人的胃。我们经常听到有的男性说自己特别喜欢吃妈妈做的某一道菜，而在外面是吃不到的。阿旺向往地说：如果我的太太有我母亲一半的厨艺，我一定不加班，下班就赶回家吃饭。另一位男士阿宝则满脸幸福地说：我太太烧的东坡肉，味道好得没法说。常有朋友来打牙祭，家里就像在开聚会，感觉好极了。

男人们一直希望自己的妻子是那种进得厨房出得厅堂的女人。所谓进得厨房，便是女人能做一手好菜给男人吃；时至今日，这种标准对女人来说要求会更为广义些。现时的女人不但在外面要是一个交际广泛、工作能力强的女性，回到家还能进入厨房做得一手好菜给自己的老公吃，满足老公的胃。

女人会做一桌好饭菜是让男人另眼相看的有力武器。这个讲究男女平等的时代，肯为男人下厨房的女人已经不多，而能用美味佳肴满足男人的胃口的女人更是罕见。女人在为男人做菜的过程中，表现出来的女人味更让男人痴迷，男人无论走到哪里，只要饿了，便自然而然地想起你来。且看几位聪明女子如何抓住男人的胃的。

小艾的老公是一位企业老总，曾经吃遍山珍海味，现在一下班就回家吃小艾做的饭（除非非去不可的应酬）。欣的厨艺不是遗传，纯属无师自通的。她做菜的功夫虽不比黄蓉，可聪明伶俐亦不逊色："樱桃肉"、"啤酒鸡翅"、"山药排骨"、"烩双丝"等八大极品八大贡品让老公宁可在饭店少吃一碗海鲜，也要回家再添一顿的。

小艾最拿手的是一道"口水鸡"，它的名字，可谓是俗得可爱，据说是郭沫若写过"少年时代吃四川白砍鸡，白生生的鸡块，红殷殷的油辣子，想起来就口水长流……"因而得名。

小艾从网上看到后就打印下来，一个人偷着试了几回。因为老公天生怕辣，只放了一点点辣椒调味，吃起来似辣非辣，辣中有甜。当一盘色泽金黄、香辣可口的口水鸡端上餐桌，雪白的鸡块、金黄的鸡皮、微褐色的调料，让老公又惊又喜，垂涎三尺，吃得老公做梦都梦见了鸡腿。

小艾和老公结婚九年了，这么优秀的男人竟然从来不曾有过绯闻，更别说外遇或者情人之类。老公开心时、烦恼时，节假日，纪念日，小艾总要做出一道又一道的花样菜，让老公倍加感到家的温馨和幸福。

有人说："如果带着仇恨去做面包，面包就是苦的；如果带着抱怨去酿酒，酒就是酸的。"那你怀着满心的爱意做的菜，他吃起来一定是香的。小艾是一个聪明快乐的女人，总能像变戏法般端出很多令老公留恋不已、垂涎三尺；总能弄上几味令在朋友面前吐气扬眉、终生不厌的拿手小菜。

阿琼的老公也是位生意人，单身的时候，除了在父母家能吃点顺口的以外，很难再尝到家庭温暖牌的饭菜了。所以，阿琼暗暗地打定主意，当她在他身边的那一刻起，她就要开始保管他的胃，每天为他做他喜欢的却又是不同的美味佳肴，让那些因胃而受到的疼痛近不了他的身。

阿琼是北方人，北方的特色菜她大部分都会做，但老公是南方人，为了老公的胃口，阿琼正在学习南方的某些菜的制作，等学好了，再给他来个南北大汇合。老公常常边吃着阿琼做的饭菜一边由衷地说："这是温暖牌的。"结婚几年了，两人仍旧恩爱如初，阿琼精心烹制的美味佳肴实在功不可没。

俗话说，让男人吃好才能让男人感受到你的好。就连美国第一夫人，为了拢住她丈夫总统肯尼迪，也不得不学习烹饪和品酒技术，能在他请来的四十名客人面前不乱手脚，让他为她在这方面引以为荣。当然，这个吃好不只是吃好东西，还要吃出好情调。

在一个特别的日子，做一顿丰盛的西餐，打开一瓶红酒，把灯光调暗，这个浪漫的夜一定会让你和心上人陶醉。为了你爱的男人，也为了让他能够更长久地留在你身边，观察一下，他喜欢吃什么？赶快行动吧！

节省开支
是有效的聚财之路

办公室里的李女士最近一家乔迁新居，新居是一套装修考究、价值六十万的三居室，这让别人羡慕不已。大家也都知道她是一个聚财有道的主妇，她曾说："家庭消费是一个无底洞，我家能有些积蓄，都是靠省来的，节省开支是最有效的聚财之路。省钱等于挣钱！"

省钱主要是节约一些不必要或者不需要多花的钱。几乎在所有的家庭中都是女性掌握着财政大权，所以女性的家庭责任之一就是聚财有道，省钱是渠道之一。那么要成为一个会省钱的家庭主妇须从五个方面下功夫：

第一，劝丈夫戒烟戒酒。烟酒向来是男人的嗜好之物。烟抽多了及酒喝多了对健康是不利的，所以作为他的妻子，力劝他戒酒戒烟。另外，许多男人为了耍派头，烟要抽高档的，酒要喝牌子响的，以此来满足自己的虚荣心。例如，某公司一个青年职工好酒，宁愿一天不吃饭，不能一顿没酒喝。他酒量很小，可是对酒的品位要求高，每个月在酒钱上要花去几百元。

第二，节制"小皇帝"的零用钱。在城市独生子女家庭，"小皇帝"的零用钱是庞大的开支。很多年轻的父母，都把小宝宝看成掌上明珠，在花钱上，都是尽量满足。有一位朋友，8岁的儿子念二年级，每天花10元，每到了"双休日"再另加15元零花钱，仅这两项每个月的开销就在350元以上。从2001年1月份起，他按每天平均5元一次性交给儿子，告诉儿子超支不补，节约归自己。4个月以后，小孩的手里省下了200多元。这样一来，不仅节省了家庭开支，而且培养了孩子节俭的好习惯。

第三，变零星消费为批发购买。虽然零星消费方便，今天下班买来一袋盐，明天下班买来一块肥皂，可是其价格往往比批发价高出 20% ~ 30%，一年以后再算总账，会多花很多钱。现在，街面批发商品到处都是，批零价格差异巨大，所以对于日用商品和低值易耗品，比如洗衣粉、餐巾纸、饮料、儿童小食品和一次性塑料杯等，都应该批发购买，省下批零的差价，减少家庭的开支。

第四，远离美容院和歌舞厅。有一个朋友，因为刚刚参加工作，还没有结婚，晚上闲来无事就到美容院洗头按摩，去歌舞厅跳舞，每个月花费 500 元以上，再加上一些开销，月工资仅够维持消费。

1997 年，她参加了本科自学考试以后，每天晚上挑灯夜读，一年以后，已经积攒了 6 000 元。

第五，走出家庭消费的误区。一是名牌消费，要买就买名牌。事实上，大多数人购买名牌仅仅是为了追求虚幻的时髦。只要商品价廉物美，就算是一次性削价处理的商品，都应该按需购买，为什么非得买名牌呀？二是闲置消费。有钱不买半年闲，现在用不着的东西，绝不要买。有的女性想买一些东西进行保值，这种做法太不科学了。三是攀比消费。人家有的自家也想有，不管眼前需要还是不需要，先买回来摆阔。这种消费观更不可取。

省下钱就相当于赚钱，省下的钱应该存入银行，以备急需，或者让它增值，从而使家庭生活过得更踏实。

面对"打折"女性常常经不住诱惑，她们觉得买了打折的产品当然能省下一笔可观的"钱"。但是，更多的消费者在商品大降价面前却无所适从。有的生怕失去了大好机会，赶紧抢购；有的看到便宜就贪，不讲质量；有的并不是为了使用，而是储存起来；有的为此上当受骗，买了假冒伪劣商品，等等。如此不但没省钱，反而多支出了。

那么，怎样正确面对"打折"呢？

第一，要分析一下1998年以后我国商品大幅度降价的社会前景。多少年来，我国实行计划经济，所以，商品短缺，尤其是消费品短缺是长期困扰经济发展的突出问题。经过改革开放的不懈努力，消费品生产获得了长足的发展，产品十分丰富，产量大幅度上升。到1997年时，我国摆脱了消费品短缺的困境，第一次出现了供大于求的局面，使得"卖方市场"变成了"买方市场"。可见，商品降价或者在很长时期内稳定价格，是一种趋势，物价不会再像20世纪80年代末那样大起大落了，因此，消费者要去掉盲目心理，要计划消费，使消费行为变得合理，用更少的钱办更多的事情。

第二，应该克服爱占小便宜的思想。喜欢占小便宜的毛病，可能很多人身上都有。在购物上，不论是否实用，不论质量好坏，见到便宜货就买。不久以前，一个消费者由于贪便宜货，上了一次商家精心布好的圈套。他看见一双标价为220元的皮鞋，款式很好，售货小姐说打六折，于是买了下来。没想到，商场不是优惠返现，而是送给顾客购物券，并且规定购物券只能购买鞋、帽和包之类的商品。这个先生没有办法，又花50元现金和购物券买了一双皮鞋。又获得了30元的购物券，只得再花了15元钱和30元购物券买了一个书包……

事实上，只有第一双皮鞋能够用得上，其他两件东西短时间用不上。所以，在商品大幅度降价、打折面前，要保持冷静，知道你最需要什么，想买什么，不能让便宜货牵着鼻子走。并且，不论便宜与否，都应该认真检查产品质量，若买回一大堆假冒伪劣产品或者残次品，是一种巨大的浪费。

第三，买了东西以后应该尽早使用，从而能够及时发现产品的质量问题，及时找商家解决，以维护自己的权益。中国的女性一向具有节俭的美德，买了东西以后舍不得使用，或者一时不用也买了回来，放起来等着将来再用。这种做法对于保护消费者的合法权益是很不利的。

有了孩子，别忘了丈夫

在一对男女结为夫妻之后，感情及生活逐渐趋于稳定，此时，双方都会期待新生命的出现，作为自己爱情及生命的见证。在爱的结晶诞生之后，不但带给夫妻生活莫大的喜悦和乐趣，更会对于自己所创造的生命感到惊讶与不可思议。从此丈夫与妻子的身份突然在同一瞬间开始有所改变，成为父亲及母亲。

由于热爱这个新的生命，许多妻子在角色转变时，会迷失自己，她们将感情精力完全投入照顾这个新生命，而忘记了自己的另一个身份，也就是——妻子的角色。

天生具有丰富母爱的女性，在热情有充分发挥的管道之后，她把对于丈夫的关心及体贴，几乎全部转移在孩子身上，原本在妻子心目中居于第一位的丈夫，此时必须要将自己原本高高在上的宝座，让位给这一位新来者。

妻子忘记丈夫也需要她的爱，常常在不经意间伤害了自己最亲近的人。对于丈夫的委屈、不满、沮丧，她一点都不在乎，因为在此时，只有孩子才是她关注的唯一焦点。

在有了宝宝之后，女性在性格上会有所转变，她会变得母性化，慈祥和稳健代替了原本的娇羞活泼；更将琐碎细心取代了原来的浪漫多情；随着以前关心体贴和善解人意的细腻逐渐消失，丈夫竟然会嫉妒起孩子，认为他夺走妻子，但他又深爱这个两人共同创造的新生命，并对妻子的全心投入感到十分感激。于是，此时他的心情是矛盾而惆怅的，更令人生气的是，他失去了自己原有的空间与自主性，必须完全听命于妻子指挥，战战兢兢地为家庭而努力，而且不论他如何尽心尽力，但妻子和孩子仍常常表现出不满意的样子。

他生气妻子不够善待他，对于他的努力及付出，以往妻子格外珍惜，可现在却常不当一回事，即使他表现出再多的浓情蜜意，只要孩子一出声，妻子就立刻竖起耳朵，只注意小孩的需要，完全无视于他的存在，使他常常怀疑自己只是个隐形人。

于是他请求妻子："给我一点关心和爱，一天之中，多少也拨出一些时间给我吧！"如果妻子能够了解，这是丈夫在向自己求救，她便会反省，并立即调整自己的做法。此时，丈夫会心存感激的将更多的爱，心甘情愿的回报给妻子，同时并给予孩子更多的父爱，如此形成正面的循环之后，家庭将会更加幸福美满。

妻子常常犯的错误，就是无法正确地解读丈夫的求救讯号，以为他是在抱怨，并且认为爱孩子就是爱丈夫，为孩子付出，也就是为丈夫付出。她希望丈夫能够调整观念，不要像个长不大的娃娃一样。

许多中国丈夫都会同意这个观念，因为他认为孩子姓自己的姓，可以为家族传宗接代。但是他的压抑与不满越来越深，却又不能将自己的愤怒适度地表达出来，于是他处处与妻子对立，使两人之间的感情日趋恶化，妻子的愠怒也随之日渐加重。

在两人关系一天比一天恶劣之后，常常发生的状况是，丈夫人虽没有脱离家庭，心却回到自己的空间，甚至放弃做父亲的责任，只将精力专注于自己的事情，有人专心经营事业，也有人常常在下班之后不回家，只顾与朋友喝酒玩乐，甚至有些人会陷入"婚外情"之中，不可自拔……

在愤怒情绪中的妻子，做出许多不理性的伤害行为，四处哭诉丈夫种种不该，请亲朋好友提醒他做父亲的责任，有的妻子干脆离家出走，把孩子抱进他的公司，强迫他照顾小孩，或者在他上班前，故意让孩子弄脏他的衣服，让他穿着带有污渍的衣服上班。

丈夫真的快要被烦死了，他感觉家庭只是一个枷锁，当初结婚是一种错误的行为……

没有人会希望自己的婚姻糟到如此可怕、凄惨的地步，任谁也不会相信，当初期盼、钟爱的小生命，在真正出现之后，竟然会引发夫妻之间这么大的矛盾与不安。

为了防止这种情形发生，我们必须了解，在孩子降临之初，的确会造成许多生活上的难以适应，只要夫妻能彼此理解对方的心情，并且加以整合，孩子不但不会成为夫妻关系的障碍，还会使爱情历久弥坚，亲密关系更加坚实稳固。

所以当孩子初进入你们的生活之中时，请务必把握以下原则：

在孩子诞生之后，妻子应该刻意多关心丈夫，用自己对丈夫的关心爱护，融化丈夫心中产生的醋意，并多与丈夫接近、亲热，有时不妨故意沦落孩子，让丈夫心中着急，请求你照顾小孩，而主动将自己放在第二位。

在生活习惯上，不要因为孩子的出现而有非常大的改变，尤其不要让孩子睡在夫妻中间，或因为怕吵到小孩而分房。

不要经常一个人带孩子，有时要让丈夫有表现及参与的机会，更不要时时抱怨孩子出现都是母亲在负责，许多分工合作的模式必须要夫妻一起建立。所以在丈夫积极参与时，应该充分相信丈夫照顾孩子的能力，女人或许比男人细心，但请给另一半学习的机会。

激发丈夫的父爱，利用亲子游戏的方式，拉拢孩子与丈夫之间的距离，并用诚恳的态度感激丈夫对于家庭的贡献及关怀，更不要忘记丈夫的生日及爱好，以及丈夫的亲朋好友，尤其可以带着孩子一起加入丈夫与朋友之间的活动，不但可以让你与孩子更深入地进入丈夫的生活中，也可以让小孩多熟悉如何与长辈相处。

如果因为忙于照顾孩子，无法兼顾丈夫时，应该适度表达歉意。若丈夫对自己或儿女偶尔表现冷漠的态度，切忌针锋相对的指责，可以允许他暂时脱离，并原谅他的适应过程，相信在他心态调整好之后，对于你的耐心及容忍，必定会心存感激。

在与丈夫一起出席重要场合时，不妨穿得年轻一些，不要老是装扮的像一个"欧巴桑"，应该选择机会，适度表现出少妇娇柔温婉、成熟妩媚的风韵。

不要因为孩子的出现而放弃自己的事业，应该永远拥有自己执着的追求。

只要妻子能把握以上的原则，一定能够成为孩子与丈夫之间的润滑剂，从此不但可以充分享受家庭的温馨，更能品尝爱情的甜蜜。

为孩子营造一个快乐的成长环境

鲜花要绽放得更加娇艳，离不开肥沃的土壤、雨水的滋润和灿烂的阳光。花朵一般的孩子要快乐地茁壮成长，一颗快乐的心胜过美丽的衣服，甜蜜的糖果，好玩的玩具，快乐是孩子最好的财富。孩子快乐成长需要父母亲更多的付出和努力。

早晨，丹丹的妈妈正准备送丹丹去幼儿园，可她死活不穿衣服。妈妈好言相劝、哀求、恐吓，什么法子都用了，丹丹不仅置之不理，反而跑回床上蒙上被子睡觉……妈妈简直让她气坏了，拉开被子在她屁股上打了几下，她就歇斯底里地大哭起来。最后，丹丹终于穿上了衣服。不过她的忘性挺大，第二天仍然闹着不肯穿衣服。妈妈就又是一顿打，还大声呵斥着："你再不听话，妈妈就不要你了！"

丹丹妈妈的行为的确不符合现代育儿观念。透过丹丹的妈妈，在生活中，我们还会发现家庭教育中的一些管教不当的现象：很多父母费尽心思，付出千辛万苦教育自己的孩子，结果却发现孩子离自己期望的目标越来越远。有的孩子被他们教成了"问题孩子"，有的孩子甚至因此付出了更大的代价。这使父母们感到痛苦、困惑、茫然。

翻阅那些"问题孩子"在孩子的管教上常常犯的错误，我们会发现，这些父母往往存在着这样一些表现：父母缺乏科学的教育方法，管教孩子时，方法简单粗暴；父母本身行为不端，潜移默化的影响孩子的品行习惯；家庭破裂，孩子受冷落，从而被社会上的恶习引诱；忽视孩子教育，或者是认为自己的管教方法不奏效，对孩子放任自流……

家庭是孩子成长的重要环境。家庭中的所有成员对孩子的教育都有极大的影响，要使家庭教育对孩子产生理想的教育效果，父母应当在管教孩子的过程中要把握一定的原则，做到管教得法。

父母是孩子的第一老师，言传身教会影响孩子。在现实生活中有无数事例，父母好看书、讲文明，孩子也爱学习、懂礼貌；父母粗鲁，孩子也脏话多。父母言行一致会产生较好的教育效果。

古人说："其身正，不令而行；其身不正，虽令不行。"向孩子提出要求后，最重要的是父母时时处处以身作则，用自己的行动去严格贯彻自己提出的要求。这样做的父母，能够对孩子取得威信，父母的正确行动，就是无声的命令，是孩子效仿的榜样。久而久之，孩子就会耳濡目染，逐渐养成良好的行为习惯。

父母还应当理智地爱孩子，既能让孩子体会到父母深沉的爱，又不姑息、娇惯孩子。也就是说，父母在爱和严的问题上应当把握好必要的分寸。就是要让孩子体会到自己做得对做得好，父母才爱。

如果无条件的爱，孩子不仅不会珍惜这种爱，还会对父母的爱表现出无所谓的态度，甚至可能会在孩子的教育过程中起到不良影响。对孩子提出的要求和表现，合理的予以支持，不合理的不但绝不能迁就，更不能像丹丹妈妈那样用威胁的口吻对待孩子，要帮助孩子认识错误，让孩子走到正确的轨道上来。

成功的教子经验证明：没有教不好的孩子，只有不会教的父母。父母使用的方法是否妥当，直接影响着家庭教育的效果。

作为父母必须要清醒地认识到，教育孩子是父母不可推卸的责任，父母的一言一行，都将对孩子产生不可忽视的影响，有时候这种不易察觉的影响，也许会伴随孩子的一生。

每一个优秀孩子的成长，都凝聚着父母巨大的心血和智慧，成功绝非偶然。

身为父母，当对比自己的孩子与别人家孩子的差距时，应先看到自己的付出与别人的差距。在孩子的教育上，同样是一分耕耘一分收获。

也许父母不是教育家，但可以培养出很好的孩子。做父母的不可能选择孩子，但可以改变教育孩子的态度。态度变了，孩子的命运也许会发生改变。

每个父母都应该牢记：让孩子健康快乐地成长。

做孩子的
好榜样

父母是孩子的榜样，也是孩子生活中的指路人。如果想给孩子做一个好榜样，作为母亲就要注意自己在孩子面前的言行。有些母亲总要求孩子怎样怎样，自己却从来做不到，你想孩子会按照你说的去做吗？

李女士平时爱玩麻将，有一天她让儿子好好地去做作业，自己却在客厅里和几位太太摆起了"长城"。在这种情况下，孩子又怎么能安心地做作业呢？孩子想看可又怕母亲的责骂，所以只好偷偷地打开门缝，关注战局。直到有一天刘女士拿着牌犹豫不决不知出哪张好的时候，孩子在后面看得着急了，不禁出声提醒，刘女士才发现孩子已经在不知不觉中成了牌中的"高手"。

要想让孩子依靠自己，母亲给孩子做一个不怪罪他人的榜样是非常重要的。在孩子面前一定要诚实，让孩子看到你能够自己负责。

儿童心理学家布鲁诺·贝特尔海姆在其所著的《当一个不错的家长》里指出，任何人只要经过努力就能做一个不错的家长。可是，布鲁诺同时提醒家长们，教育儿童是一件十分艰苦的工作。

合格的母亲应该怎样做呢？以下是我们的建议：

1. 与孩子友好相处

母亲是孩子生命中的第一任老师。让孩子体验母亲的关怀。抚触、轻摇、说话和歌唱等爱的表现，都能影响孩子脑部网路的形成，奠定孩子未来学习和行为的基础。你的抚触十分重要，搂抱和抚摸能够刺激脑部分泌出重要的成长荷尔蒙。

2. 回应孩子给你的暗示

注意孩子的节奏和情绪。不论孩子生气还是快乐，你作为母亲都应该及时回应，尽量了解孩子的内心感受以及孩子的描述（透过语言或者动作），知道他们想做什么。

3.多与孩子交流

对孩子唱歌、说故事、读故事书。作为母亲你应多借用生活中的点滴来编一些故事，把他们认识的人和地点放到歌唱里，练习描述你们的生活。阅读故事的时候，多鼓励孩子参与其中。比如让孩子回答你的问题；猜猜故事接下来的情节；重复读出故事里的句子，等等。

4.让孩子养成健康的习惯

孩子知道午睡的时间到了，因为妈妈像平时一样，唱了一首歌，接着把窗帘拉上了。当小学老师拿来了果汁和饼干的时候，孩子会知道，爸爸快来接他回家了。通过愉快的感觉来建立生活习惯，可以使儿童感到安心。不断地重复正面的经验，不但能够给孩子带来安全感，还能帮助孩子了解周围的环境。

5.鼓励孩子玩耍

随着小孩学会了走路，他们开始探索世界了。作为母亲的你要加以鼓励，要在孩子回头寻求安全感的时候，表现出接受的态度；让孩子和同龄、不同龄小孩互动，帮助他们解决争端。同时，多鼓励孩子玩耍，玩耍是学习经验的渠道。

6.慎重

电视不能教孩子学会语言，更不能让孩子学会沟通。研究显示，在学校学习状况好的孩子反应之间有所关联。对于来自小孩的各种信息能敏锐反应的家长，他们的孩子往往有比较正面的自我价值观。

7.选择好的学校，保持互动

学校的选择，是很多家庭的重要抉择，作为母亲要慎重对待。研究表明，高品质的学校教育可以子，作为母亲，你要限制孩子看电视的时间，并且对电视节目也有控制。

8. 抓住机会教育孩子

孩子探索的范围愈广，愈需要限制和成年人的督导。帮助孩子学会用语言来表达其感受。你作为母亲要让孩子懂得，你不喜欢他们的某种行为，可是你仍然深爱着他们。对孩子解释各种行为的规则和后果，使孩子懂得纪律背后的理由。还要让孩子了解，孩子的行为影响了别人。

9. 了解孩子的个性差异

每个孩子的性情各异，孩子们的成长速度也不一样。作为母亲你要充分了解孩子的个性。孩子的自我价值观，其实反映了家长对孩子的态度。当孩子渐渐学会适应生活的时候，会对自己感到满意，尤其是当家长用称赞来加以肯定的时候，孩子会懂得他的行动和家长的提高孩子的学习和社会能力。选择可以满足孩子需求的学校，确定学校有充足的老师，可以照顾到每一个孩子的需求。选定了学校以后，仍需保持互动，最好不定时地"突击检查"孩子受托的状况，要求学校提供孩子的进度报告，有益于提出对孩子发展的建议。

有许多人自称专家，在电视节目中高谈阔论，或者著书立传，推销既时髦而且马上见效的教育孩子之道，做家长的可能感到吃不消了。

但是，在很多意见中，有的还是很有道理的，符合教育孩子的基本原则。

下面是经过筛选的六项原则：

1. 正确利用奖赏

母亲要学会赞美孩子，例如，"如果孩子表现良好，比如让同伴分享其玩具、对人有礼貌等，要给予赞美或者嘉奖。"应该就事论事，讲得明确具体，比如，"谢谢你在父亲打电话的时候一点都不吵"，或者"你跟姐姐这样讲和，妈妈非常高兴"。

最常见的错误就是用奖赏来贿赂孩子停止胡闹。

2. 因材施教

专家指出，教育孩子不要一成不变，主要是因为人的性情不同。

母亲教育孩子常见的错误就是想以变换环境来配合孩子。假如带着特别好动的孩子去探望亲属，作为母亲的你不要让孩子动容易打破的东西，要事先教孩子遵守规矩。假如孩子实在静不下心来，应该带到户外去玩耍。

3. 规矩不可太平

做母亲的要让孩子了解到，在这个世界上他能做什么，不能做什么。能接受的行为和不能接受的行为之间，也要划定界限，让孩子知道跨越界限会产生什么后果。

常见的错误就是太严格。要给予孩子从经验中探索学习的机会，不要设定不必要的限制。比如，与其限制好动的小孩乱跑，还不如设置一个安全的游戏场所。

4. 批评孩子方式要得当

许多母亲如果发现孩子行为失当，脱口而出的就是命令（"你快给我整理东西"）、威吓（"你如果再回来得晚，以后就不许出去了"），或者在气头上辱骂（"你的脑袋幸亏长在脖子上，否则连头都会丢掉"）。

心理学家托马斯·戈尔登说："这种'你……'事实上是在责骂孩子，会让孩子觉得你是在无理取闹，或者认为你不疼他。"

托马斯认为，要改成说："我……"比如，"看到厨房又弄脏了，我真泄气。"或者"你回家晚了，我非常担心。"

但是也有学者认为，把"你……"改换成"我……"在辱骂的话前边加一个"我认为"，就自以为是在很好的沟通了，这是在自欺欺人。事实上，"我认为你自私"和"你自私"没有差别。

5. 不要急于求成

"一些母亲急于训练孩子完成学业，早一天自立。"心理学家皮妮罗·利曲指出，"这是因为深植入心的假设，误以为孩子起步越早，前程就会越顺畅。"

事实上，勉强提前反而让孩子陷入困境之中，"让小孩提前一年加入娃娃垒球队，成为队上最差劲的球员，孩子能好受吗？"

常见的错误就是矫枉过正。"家长的角色就像登山向导一样。"利曲指出，"不要拖着又踢又叫的小孩马上登山，可以指出攀上峰顶的途径。"

6. 正确疏导孩子的情绪

"你为什么说这张画不好看？画得多好呀！""你肯定不恨爸爸！他不是不想来看你比赛的。"母亲说这种话本意是在抚慰，却变成了"漠视孩子的苦恼，或者让孩子以其情绪为耻"。最好的做法是，注意孩子没有表露出来的情绪并且加以疏导。

常见的错误就是以"不关我事"的态度来分析事理。专家指出，你的反应要配合孩子的情绪。

学会倾听，
关系更亲密

生活中妻子是丈夫最亲密的人，男人往往承受了较大的工作压力，回到家想对妻子诉说，可是，我们更常看到的是，太太们却不想或者不知道该如何去听。

《财富》杂志曾刊出了一篇调查报告，这是专门针对公司员工的妻子所做的。他们引述了一位心理学家的话说："一个男人的妻子所能做的一件最重要的事情，就是让她的丈夫把他在办公室里无法发泄的苦恼全都说给她听。"

能够尽到这种职责的妻子，无疑是丈夫的"安定剂"、"共鸣板"、"哭墙"和"加油站"。

这份调查研究报告还指出，男人需要的是妻子主动、灵巧地倾听，他们通常不想听妻子的劝告。

任何一个曾经在外面工作过的女人都会了解到，如果她可以和家里某个人谈谈这一天所发生的事情，不管是好的或坏的，对她来说都是很值得欣慰的事。在办公室里，人们常常没有机会对所发生的事情发表意见。如果我们的事情特别顺利，我们也不能在那里开怀唱歌；而如果我们遇到了困难，我们的同事也不想听这些麻烦——因为他们自己已经有太多的困扰了。结果，当我们回到家时，我们就会觉得自己必须痛痛快快地发泄一番。

然而，我们在现实中最常见的事情是这样的：

比尔回到家，上气不接下气地说道："老天，梅尔，今天这真是一个伟大的日子！我被叫进董事会，去讲解我所做的那份区域报告。他们要我把建议说出来，而且……"

"真的吗？"妻子梅尔说，一点也不关心的样子。"那真好，亲爱的。先吃点酱牛肉吧。我有没有告诉过你那个早上来修理火炉的人？他说有些地方需要换新的。你吃过饭后去看一下，好不好？"

"当然好，亲爱的。噢，像我刚才所说的，老索洛克蒙顿要我向董事会说明我的建议。刚开始我有一点儿紧张，但是我终于引起他们的注意了。甚至连毕林斯都很激动，他说……"

梅尔："我常认为他们并不够了解你，也不够重视你。比尔，你必须和咱家小儿子谈一谈他的成绩了。这学期他的成绩太糟了，他的老师说如果他肯用功的话，成绩一定可以更好的。我对他已经没有办法了。"

这时，比尔发现他在这场争夺发言权的战争之中已经失败了，于是他只好把他的得意和酱牛肉一起吞到了自己的肚子里，然后去完成太太交给他的有关火炉和小儿子成绩的任务。

难道梅尔自私得只希望有人听她的问题吗？不是的，她和比尔同样都需要找个听众，但是她把时间搞错了。其实她只要全心全意地听完比尔在董事会里的得意之事，比尔就会在自己的情绪抒发完了以后，很乐意地听她大谈家事了。

善于倾听的女人，不仅能够给自己的丈夫带来最大的安慰和宽心，同时也拥有了无法估量的社会资产。一个文静的、不虚饰做作的女人对别人的谈话着了迷，她所提出的问题足以显示她已经把谈话中的每个字都消化掉了，这种女孩子最容易在社会上成功——不只是在她丈夫的朋友群中成功，而且也在她自己的朋友群中成功。

以机智闻名的杜狄·摩尼，描述一个懂礼貌的男人时说："当他自己最清楚了解的事情被一个完全不懂的门外汉说得天花乱坠时，他仍旧很有兴趣地听着。"其实，大部分女人也都适合于这一描述。

事实上，一个善于倾听的人，有时候也会被一些无聊的事情弄得心烦意乱的。但是，机灵的倾听所得到的收获，通常可以增加许多自己所没有的知识。

女演员蒙娜·罗伊在一篇写给《纽约先锋论坛报》的文章里，提到她接任联合国教科文组织代表的工作以后，"倾听和学习"就成为她的口号了。她说，跟来自不同国家的许多代表谈话，增加了她对那些国家的了解。

罗伊小姐解释说，"当然，在许多时候，你也必须在谈话中忍受那些无聊的话题。但是我觉得，被人们当做一个具有智慧的好听众，总比把自己完全封闭在一个毫无意义的话题之外要好得多。"

把抱怨
变成适应

丈夫背负工作的压力与家庭的负担，往往很努力地工作。有的事业青云直上，但是应酬越来越多，给家里人的时间却越来越少。这样的情况下妻子和家人很容易对丈夫产生不满，其实如果丈夫真的是工作需要，那么做妻子的要善于适应丈夫，配合好丈夫的工作。

[坦然接受丈夫特殊的工作时间]

我认识一个女人，她强迫她的丈夫放弃了心爱的工作，因为她没有办法忍受他在晚上工作。这位丈夫在一个著名的管弦乐团担任演奏家。他们的音乐会大都在晚上举行，这个男人很喜爱自己的工作，而且薪水很高。

但是他的太太却一直不能适应他的工作时间。最后，她说服了自己的丈夫，让他放弃乐团的职位，换了一个推销家庭用品的工作——由于他做的是完全不适合自己的工作，所以赚的钱更少了。对此他不满足，不但他成功的机会减少了，而且这还对夫妻婚姻的幸福造成了隐患。

必须在非正常的时间工作的男人，或者是工作上有特殊需要的男人，都更加需要一个能够适应他的妻子。如计程车司机、铁路或轮船职员、飞行员……所有这些需要特殊适应能力的职员的妻子，必须能够适应自己丈夫的工作，才能维持婚姻的美满。

许多著名的演艺人员，都尝到过婚姻破裂的滋味，因为他们的太太不能够——或是不愿意接受她丈夫在那个圈子里的成功。

在职业上有特殊需要的男人的太太，必须具备的重要观念就是，她不能拥有自己想要的每件事情，而且要坦诚面对这些情况，接受这些情况，并且在设法维持家庭稳定的情况下，快乐地生活。

许多女人羡慕那些在所谓"迷人"的职业圈内大出风头的男人的妻子——例如电影明星、歌剧演唱家、作家或音乐家的妻子。我十六岁的时候，曾梦想嫁给一位著名的探险家。可是，我们之中很少有人会静下心来想一想，作为这种人的妻子，除了穿名家设计的新时装，以及在照相机前摆笑脸之外，还需要有更多的负担。

[只有不平凡的女人，才配得上不平凡的丈夫]

当我们在电视上看到奥巴马带着夫人出游旅行的时候，你是不是也曾经想过要和夫人换个位置，两手抱满了玫瑰花坐在车上，在满眼羡慕的人群面前走过？

根据一位马里兰州州长夫人席尔德·麦凯丁夫人的说法，州长夫人这个位置她感觉是非常困难和不舒服的。麦凯丁夫人是一位很完美的太太：她很文静、温柔、娴雅，具有一切女性的特点。但是自从她家搬进州长官邸之后，整个生活情况完全改变了。麦凯丁州长很早起床，而且很晚才睡觉。他整天忙着处理公事，为那些重要的公务忙得没有一点儿空闲，连他的太太都难得看到他。

麦凯丁夫人说，只有在陪丈夫旅行，或是到城外演讲的时候，她才能消除这些忧虑。"我们发觉，在那些旅途中一起享受到的乐趣，远比有许多时间在家里共处的夫妇得到的乐趣更多。这就像是一个令人兴奋的假期，我们分享着在旅程上所发生的每一次奇妙经历，旅行使得这些经历更宝贵和更难忘。"

像罗维尔·汤姆士和麦凯丁州长这样的男人，是很幸运的，他们的太太不仅能为他们争光，而且还能忍受名声和地位所带来的种种不便。

如果你丈夫的工作也很不平常，并且还会带来一些不便，你可以设法应用下列几项原则：

第一，如果这种情形只是暂时性的，你不妨笑一笑，姑且忍耐一下。每个人都可以在短时间内忍耐任何一件事的。

第二，如果这种情形是比较长期性的，你就得接受它，并设法改进它——就像麦凯丁夫人那样。

第三，要提醒自己，丈夫的成功也就是你的成功。如果这种工作对于他的成功是必要的，那么你也应该接受这种情况。

第四，要记住，这世界上从没有、也将不会有一个工作是完全只有快乐和幸福的。每一种生活方式，都有它的优点和缺点。总是抱怨生活中的缺陷的人，即使拥有最理想的环境，也是得不到满足的。

关心，是夫妻生活的调节剂

夫妻之间就是要相互关心体贴，不要因为已经是夫妻，就觉得表示出对对方的关心是多余的；不要因为工作忙，就忽略了给予对方关心；更不能因为生活压力大，就无心去对对方表示关心。关心是夫妻间的健康维生素，是夫妻生活的调节剂，是战胜困难压力的助力器。

小柯在 12 分钟里已经第三次声称自己不舒服了，他的妻子小萱赶紧来到他的身旁："宝贝儿，怎么了？"

"我感冒了。"小柯抬起头有气无力地说。

"那我拿些阿司匹林给你吧。"小萱说。

"你这么细心地照顾我，使我感到很欣慰。"小柯说着，又呻吟道："我是怎么感冒的呢？"

过不了多久，小柯又发布了最新消息："我的感冒正在加重。"为了证明，他又打了几个喷嚏。

小萱赶紧拿来手纸、被子、枕头，还为他端来了热茶。

"我非常感谢你。小萱。"小柯说，"你知道，我感冒了。"

第二天，小柯又报告："我的肚子疼。"

小萱知道，小柯经常说他有病。在前一年的夏天，小柯割完草后，紧张地对小萱说："我的手总是不停地抖。"

小萱问他："你割草前抖不抖？"

小柯摇摇头。

"那你难道就不能肯定是因为割苹机振动而引起的吗？"

"我想也许是的。"小柯红着脸有些失望地说。

小柯有什么病？从生理上讲，他什么病也没有：可是从心理上讲，他需要的是妻子对他表示关心。

对你的丈夫或妻子表示一下关心，会有意想不到的收获，因为，没有人能拒绝关心。

关心体现了你对另一半的牵挂，对另一半的关注重视。关心，有时仅仅是这样的一句话，就可以拉近夫妻之间的感情。

有的夫妻感情越走越远，越来越淡，其原因固然是多方面的，但缺乏彼此的关心牵挂，是其中的一个重要原因。

19 岁的阿丽中专毕业后，到某市一家公司做营销员。19 岁的阿丽长得青春靓丽，性格活泼，引起不少单身男子的注意。

在一次很偶然的机会，阿丽认识了公司的上一级单位的职员阿欣，阿欣比阿丽大 7 岁。两人一见钟情，开始了交往。阿欣对比自己小的阿丽非常关心和呵护，阿丽非常庆幸有这样一个体贴的男朋友。经过三年热烈而缠绵的爱恋，阿欣和阿丽登记结婚了。

从热恋走进了婚姻，开始两人感情不错，但时间久了，感情也趋于平淡。阿欣也不再像恋爱时那样对阿丽关心呵护，阿丽心中也升起了一种寂寞和冷落的感觉，感情开始降温。

特别是两年以后，他们的女儿出生了。有了女儿，阿丽一门心思都放在了女儿的身上。夫妻之间的交流更少了，阿欣和阿丽的感情更淡了。双方经常为家庭琐事引起矛盾，阿欣为此常常不爱回家。有时夫妻两个甚至很少说话，更别指望阿欣能像追阿丽时，在中午或晚上说上一句："干了一天的工作，饿了吧？我们一起吃饭。"

由于感受不到阿欣的关心，阿丽开始因为哪怕一丁点的小事就与阿欣大吵大闹，试图以此引起阿欣的重视和关心。然而事与愿违，不胜其烦的丈夫在经过了两年的吵吵闹闹之后，先是与阿丽分居，然后走上了法庭，一纸离婚书结束了他们的婚姻。

阿丽与阿欣的婚姻，是以关心呵护开始的，也是以关心呵护的消失而结束的。面对这段婚姻，两个人都感到了刺心一般的痛苦。

夫妻之间彼此都希望自己能在对方的心中占据最为重要的地位，关心的程度正好表现你对对方的重视程度，经常找时间打个电话给对方，关心的问候一句："工作辛苦吗？"又或者传呼他："天气凉了，请加衣。"这些关心未必有实际用途，但起码能令对方暖在心头。

小蓉的丈夫性情喜好交往，朋友遍及四海，而且是三天一小聚。五天一大聚，有几天不聚就找不着北，经常夜里一两点才回来。在外面时间多了，回家的时间自然就少了，小蓉感到他不像以前那样关心和重视自己了，心中的不满与日俱增。

小蓉忍无可忍就和他大吵，越吵他就越不爱回来，有时候干脆就在他哥们儿那睡了。小蓉被他气得觉也睡不好，饭也吃不下。一位朋友建议小蓉：当丈夫再晚回来，就不要跟他吵了，要给他准备好洗漱用品，做一点宵夜，并留一张字条，让他吃点东西，洗洗再睡，免得第二天没精神上班。

小蓉的丈夫又与朋友聚会去了，还是半夜也没有回来，小蓉强压怒火，按照她朋友说的做了。第二天起床后，她丈夫十分不好意思地对她说："真对不起，以后我尽量不那么晚回来了。"小蓉心里暗暗高兴。

从此以后她丈夫的确再没有那么晚回来过。小蓉大吵大闹得不到的东西，却被无声的关心给找了回来。

爱起源于关心，婚姻的保养更离不开关心。关心在婚姻生活中像阳光与水一样不可缺少，可以说，没有交流沟通的婚姻是聋哑的婚姻，没有激情的婚姻是苍白的婚姻，没有承诺相许的婚姻是虚幻的婚姻，没有了关心，婚姻就会变得荒芜。

让拥抱
给婚姻保保鲜

婚姻要保鲜有很多小方法，肢体语言若运用巧妙，可以加速一段恋情的温度，也可以保持婚姻的甜蜜度。当你与他独处，不妨以小动作增加两人的接触：适时轻拍他的手背表示赞同他的意见，轻抚他的头发，在他耳边细语，让你俩的膝头不时相触……

《创世纪》中写道，上帝说："一个孤独的男人不好，我要为他创造一个适合他的帮手。"于是"为他创造了一个女人"。这里没有说一个漂亮的或一个智慧的女人，这里没有加任何一种形容词。上帝创造了一个基本的女人。

为什么这个基本的女人对这个男人有如此的价值？其中有三个原因。

首先，在床上她是一个温暖的身体，但不是指性活动。性确实重要，但这里说的是更基本的需要，人体的接触。

一个婴儿在摇篮中哭闹，不是要谈话或要一个金戒指，他想被抱起来和轻轻地拍哄。成人也需要身体的接触，在这个艰难而寒冷的世界上，他们需要互相拥抱和安慰。普通的女人和普通的男人互相满足对方的这种需要。

为了满足男性天生喜爱"保护"女性的欲望，适当表现一下"脆弱"是必要的。这种"脆弱"既可表现在生理方面，一副弱不禁风的模样，也可表现为精神方面的"脆弱"，像怕打雷或者容易掉眼泪。

安琪说，那天晚上，男朋友抱着她，想和她亲热，她正为工作的事烦恼，没那个心情，而且她带回家的工作还没有做完。她跟他说：

"今天晚上不行。"

他立刻放开手，独个儿上床睡觉了。

她很沮丧，她不想亲热，但是她想拥抱。为什么不可以只是拥抱？

她很爱他，但是那一刻，她觉得受到伤害，觉得他自私。在沮丧和疲倦的时候，她好想要一个暖暖的拥抱，好想在拥抱里得到安慰，然而，在她需要的时候，他却放开手。

男人想亲热而被女人拒绝的时候，不是意兴阑珊地坐在沙发上看电视、喝啤酒，便是垂头丧气地上床睡觉。男人可曾想过，她说"不"，是不做那件事，而不是不拥抱？如果她连拥抱也不想，她也许已经不爱他。

女人为拥抱而亲热，男人为亲热而拥抱，这也许是男女大不同。男人说："你们不了解男人。他独自上床睡觉也就是尊重女人，如果拥抱着她，他就无法再压抑。"

男人又何曾了解女人？

女人十分愿意跟男人拥抱，无论何时何地，只要有需要，她就想念他的怀抱。她不想跟他亲热，心里有点内疚，好想让他抱着，这样胜过万语千言。他却拒人于千里之外。

假若你暗恋一个男人很久很久了，他是知道的，但他没有爱上你。你再也受不住这种苦楚，你要离开了。那么，我教你一个分别的方式。

你对他说："我可不可抱你一会儿？"

没有一个男人能够拒绝女人这样一个感性的要求。当他脸上流露惊讶和感动的神情，你就立刻用力地扑在他怀里，紧紧地搂住他。天长地久，你盼望的不就是这一刻吗？

你可以哭，可以笑，可以沉默，可以回忆那段暗恋他的苦日子。然后，你告诉他，你很久没有被人抱过了，你已经差点儿忘记了拥抱的滋味。说完了这一句，你可以再拥抱他一会儿。时候到了，就要潇洒地放手，让他的体温逐渐在你怀里消失。

小两口生过孩子之后，开始了分床而居的生活。白天工作疲惫，晚上应付孩子，渐渐地两人之间的话越来越少。

"我有个郑重的要求。"女人首先意识到了他们之间潜伏的危机，一天，她对男人说。"什么要求？"男人漫不经心地问。

"每天抱我一分钟。"男人看了女人一眼，笑了："有必要吗？""我提出了这个要求，就证明十分有必要。你发出这个疑问，就证明更有必要。""情在心里，何必表达。""当初你要是不表达，我们就不可能结婚。""当初是当初，现在不是更深沉了吗？""不，表达未必就是矫饰。"

两人吵了起来，最后，为了能早些平息战争上床安息，男人妥协了。他走到床边，抱了女人一分钟，笑道："你这个虚荣的家伙！""每个女人都会对爱情虚荣。"她说。

此后每一天，他都会抽出时间抱她一会儿。渐渐地，两人的关系充满了一种新的和谐。在每天拥抱的时候，虽然两人常常什么也不说，但这种沉默与未拥抱时的沉默在情境与意味上有着天壤之别。终于有一天，女人要去长期进修。临上火车前，她对他说："你终于暂时解脱了。""我会想拥抱你的。"男人笑道。果然，她到学院的第二天就接到了丈夫的电话，顿时，她的眼睛里溢满了泪水。

的确，对于相爱的男女来说，激情飞越过碰撞之后，婚姻质朴得如一位村姑。人们常常以"平淡是真"为借口，逃避对长久拥有的那份感情的麻木和粗糙，却不明白，如果我们像习惯了一天天遗落爱情那样习惯一天天去经营爱情，那么，在我们掌心和胸口的爱情就绝对不会冰冷。

别让猜疑
毁了你的婚姻

　　女人在选择对象时，必然是十分慎重的，然后会对一个可以信赖的男人托付终身。男人也一样，他绝对不会娶一个会让他疑窦丛生的女人。古往今来的门当户对、媒妁之言大行其道，就是因为她如簧巧舌几番言辞之后，将男女双方的家庭背景、历史渊源、成长经历、言行举止等等，描绘得更可依赖，从而使信任感在双方心里更快地滋长。

　　信任牵起一线姻缘，微笑着把孤单的手，放到另一双温暖的手里。在现代婚姻中，信任是一根牵心的线，收放自如，才会使婚姻更牢固。

　　男人是渴望自由的，不甘于在婚姻狭小的空间蜗居。他们更愿意无拘无束地在广阔的天空中遨游，可是，他们会记得归家的路吗？女人说，我信任我的男人，他是我放飞的一只风筝，飞得再远，倦了，也会飞回来，控制他的风筝线在我的手中呢！其实，很多女人说这话的时候，心里也是没底的。男人是这样一种动物，女人的线放松了，他们会胡作非为，女人对他们约束得紧了，他们又容易撒谎。能真正收放自如的女人真的不多，在婚姻里，信任这跟牵心的线，应该放多长呢？

　　结了婚的女人，情愿完全相信自己的男人。常常放心地把手中的线无限放长，任由男人在外面的世界里飞。可是，外面的世界很大很精彩，外面的女人妩媚有姿态万千，外面的诱惑无极限。有良知的男人，记得自己被心爱的女人信任的同时，就欠下妻子一笔连心的债。对他来说，对得起女人对他的信任成为一种责任，信任变成了一种无形的约束，一种无形的力量召唤着他回归，天涯孤旅，男人企望灵魂的故园。

不是每个女人都那样幸运的。如果你遇见的是劣性的男人，就不那么容易迷途知返了。既使女人用了最后的撒手锏，收紧风筝线，也怕是天高风大，男人成为断了线的风筝，一去不复返了。女人手里握的只剩下一根冰凉的风筝线。

有一种男人从来不会上当。信任无法在他的心里扎根。他不信任任何人，包括他的妻子。婚姻里信任这跟牵心的线，在他的手里变成了捆绑的绳索。他的女人必须在他规定的范围内活动。《不许和陌生人说话》就典型地刻画了这类人的阴暗心理。和这样疑神疑鬼的男人生活在围城里，得时刻准备被盘查手机、背包乃至头发，每天交代行踪更是必不可少，晚上下班得以百米冲刺的速度回家报到。累，丧失了信任，婚姻紧绷的弦，早晚得断。

婚姻不同于恋爱，不可能总是花前月下。真正恒久不变的爱情，其实是在结婚之后。夫妻经过恋爱时的激情缠绵，孩子出生后的情感转移，又来到了中年的负重期。激情退化后的生活越来越消沉，暗藏的急流给婚姻带来了严峻的考验，但伴随婚姻的是夫妻共同的成长。

婚姻比恋爱更多地需要包容、信任和理解，这些都是婚姻幸福的基础。在婚姻关系中，也需要一些心智、一些修养，这就要懂得为婚姻"保鲜"，学会从各方面施展技巧。

1. 尽量放大对方的优点

"结婚让我失去了自由。"沈健结婚七个月就铁了心要离婚。他说，结婚两个月后，就和妻子经常为琐碎小事争吵。而让沈健最不能忍受的是，每次朋友聚会，妻子都不愿意让他去。有一次沈健骗妻子说加班，偷偷跑去和朋友聚会，结果妻子发现后跟他大吵大闹，还逼他写下保证书。"婚姻跟我当初想象的完全不一样，我和妻子在很多方面存在差异，这样勉强过下去实在没意思。"

根据有关统计数字显示，维持婚姻并不那么容易，尤其是一年半至两年过后，蜜月期会随风掠过，大约 70% 的夫妇对婚姻的满意程度会降低。

新婚阶段需要磨合，夫妻双方在生活习惯和交往方式上会有差异，细到如作息时间、饮食口味等等，这些小事又特别容易造成摩擦、争吵。这时婚姻需要在谅解、宽容中度过，忽略对方的缺点和不足，尽量放大对方的优点。

2. 夫妻经常交流增加亲密感

在建筑公司任职的冯斌结婚已有六年。他说，儿子出生后，孩子的花费和贷款买房一下子让生活变得烦琐而沉重，自己和妻子的矛盾也越来越多，吵架成了家常便饭。"刚开始的时候，还能检讨自己，可后来火气越来越大。"冯斌说，他和爱人的感情在争吵中越来越淡薄，现在两个人就像是熟悉的陌生人。

婚姻的危情时刻出现在婚后头五年左右，这个时候通常会出现当父母的角色转换，这可能动摇到婚姻的基础。但婚后几年恰恰是夫妻间真正了解并确定以后生活方式的特殊阶段，夫妻间优缺点充分展示，婚前的期望与婚后生活的现实矛盾也充分凸显。

要度过这个危险期，有效的方法是用爱去精心养护，给婚姻注入新的生机。不要将情感全用到子女身上，而忽视了爱人的感情需求。要体贴、包容、迁就、信任，夫妻间要经常交流，不仅能造成一种亲密感，而且能平息不满情绪和消除隔阂。

3. 婚姻不能每天盯着防着

"我只是害怕失去丈夫，没想到却事与愿违。"今年 37 岁的刘玲在一家医院工作。结婚后，刘玲对丈夫一直实行"高压管理政策"，丈夫当上部门主管后，刘玲开始有了危机感，想拼命"抓紧"婚姻。她不但管丈夫的钱包、社交，就连工作都恨不得插一杠子。刘玲认为，自己这么做全是为了这个家，但令刘玲担心的事情还是发生了，半个月前，丈夫突然说他已经爱上别人要求离婚，并说实在忍受不了刘玲的怀疑和猜忌。

结婚 10 年后，两个人都需要靠努力来维系婚姻。周围环境的影响以及是否出现了"第三者"都成为影响婚姻关系的因素；另外，这个阶段也正是夫妇双方事业发展的关键时期，工作压力的宣泄也容易造成两人关系的恶化。

千万不要让爱成为沉重的枷锁。看重婚姻本没有错，但当你越想牢牢地掌控婚姻，拴住对方的时候，婚姻越容易出现危机。要想让婚姻长久、幸福，就不要每天"盯着"、"防着"、"握着"，别把婚姻"抓"得太紧。

4. 把心中的苦衷告诉对方

"这样的日子我没办法再过下去了……"今年 45 岁的彭伟正在考虑是否要与妻子结束 23 年的婚姻。彭伟说，这 23 年已经让他筋疲力尽。妻子总像是二十年前那个长不大的姑娘，非常"幼稚"，她偶尔撒撒娇还可以，但这些年来工作以及生活中的压力已经让他无法独立承受，他需要一个能够为自己分担压力的爱人。

俗话说："人到中年知酸甜。"夫妻在经过 20 年到 30 年的共同生活后，已经完全了解了对方并真正体会到婚姻的滋味。平淡和消沉的生活，以及与现实的直接碰撞，都会给婚姻蒙上一层灰色。这个期间，夫妻如果产生裂缝，就很难弥补，往往会导致婚姻的解体。

离婚不见得就能得到解脱。夫妻双方不能过分在乎自身得失，要经常坐下来交换意见，沟通思想，把自己心中的欢乐与苦衷倾诉出来。当对方发脾气或发出挑衅信号时，最好采取忍耐和避开的方式，或设身处地地了解其原因。

美满的婚姻，应该是建立在彼此信任的基础之上。一旦得到对方的信任，就会加倍自重自爱，自觉地把对方的信任当成约束。

聪明的女人，懂得不断提升自我价值，才会使男人的信任不打折扣。她们的悄声细语、笑靥如花、似水柔情的牵挂，在傍晚忽明忽暗的灯火里闪烁，叫远行的男人如何不回头?

做自信男人的女人,好自由轻松。这样的男人有比天空更广阔的心胸。享受着他的蜜意真情、他的宠爱纵容,哪个女人愿意离开他的天空?说到底,信任是婚姻里一根牵心的线,张弛有度地牵,牵出滚滚红尘中婚姻美满。

营造和谐的
家庭氛围

一个大家庭拥有和谐融洽的家庭氛围十分重要。家庭中每一个人的心理情绪的总和构成了家庭情绪，整个家庭情绪又影响着每一个家庭成员的情绪。即在一个家庭中，一个家庭成员情绪的好坏往往可以感染其他成员的情绪，使他们随之高兴或烦恼。人与人之间的这种互动的情绪在心理学中被称之为"感情移入"。所以，一个人只照顾自己的情绪是不够的，要知道每天和你有大量时间接触的亲人的情绪、家庭情绪也是左右你的情绪的一个重要的因素。研究表明，好的家庭情绪会带动你快乐的情绪，从而使你的身体健康，心情舒畅，保持心理卫生。而不好的家庭情绪则会起到相反的作用，令你心情郁闷，出现心理问题。

因此，要想保证自己的情绪愉快，就不要自私地只考虑自己，而要努力改善家人的情绪和家庭情绪。做到这一点并不容易，但本着以下原则和大方向着手去做，就会取得很好的效果。

1. 以爱为主旋律夫妻之间互敬互爱，父母与子女之间相互关爱。要知道，在一个家庭中，爱他们就是爱你自己。即使遇到挫折，只要大家齐心协力，互相鼓励和帮助，就会渡过任何难关。在一个家庭中，每一个成员都不能够吝惜自己的爱心，要不求回报地给予你的每一个亲人最纯洁无私的爱，让每一个人在家庭中感到温暖愉快，这样才能使家成为每个家庭成员的避风港，使家庭情绪达到最佳状态。

2. 对于家人的合理要求要不吝给予每一个人需要在家庭生活中得到乐趣，

得到满足，只要是合理的，能够做到的物质或精神上的要求，作为家人都应该给予其最大的满足和安慰。

3. 不断创新的家庭生活家庭生活不能够按部就班，几十年如一日，偶尔给你的家人惊喜会带来意想不到的效果。同时也要注意丰富家庭的精神生活，培养更多共同的业余爱好，和你的家人一起感受音乐、舞蹈、艺术、娱乐所带来的乐趣。

4. 互相尊重，家庭民主提倡平等、民主、团结的家庭氛围也是改善家庭情绪的重要内容。不要在家庭里横行霸道，作风强硬，不应该把对待敌人的态度和手段放到家里，这样只能使家庭冰冷无味，支离破碎，从而使家庭情绪消极，给家人的身心带来伤害。要懂得尊重家人，爱护家人，保护家人，在遇到事情时互相商议，互相帮助，使家人在家庭中得到温暖，这才是我们建立家庭的目的和初衷。

5. 远离不良嗜好不要把不好的情绪带回家，更不要拿自己的亲人发泄怨气，不赌博，不酗酒，要知道这些都会严重影响家人的心理健康和家庭情绪，给家人带来严重的心理负担和精神压力，甚至导致家庭的解体，酿成更大的悲剧。

认识到良好家庭情绪的重要性和不良家庭情绪给家庭带来的危害，就要从我做起，加强道德和品行修养，克服自己的缺点，学会善于引导家庭情绪向积极方向发展，努力地改善家庭情绪，为家庭的和美幸福作出更大的贡献。

别让争吵过夜

法国思想家泰恩说："互相研究了 3 周，相爱了 3 个月，吵了 3 年架，彼此忍耐了 30 年——这就叫婚姻。"因此，当一对对新人含羞带笑地吹灭洞房的花烛之时，幸福和烦恼便同时向他们袭来，很快就拉开了"夫妻战争"的序幕。

夫妻之间的"战争"，是一个的的确确的西西弗斯的神话，双方正是通过周而复始的矛盾、"战争"和谅解，最终磨合出新的平衡和生活的乐趣。在这场"战争"中没有真正的胜负，只有失败的人，所有婚姻都反映出人的本性。日本人将它看做是柔道比赛——以退为进的艺术；中国人将它看做是武术观摩，通过双方的较量，切磋技艺，加深了解。

爱的周期，到底有没有一个定律呢？它不是女人的生理周期，我们从不知道它什么时候来，什么时候走。低潮的日子，我们都在彷徨地等待。

前几天，因为一点鸡毛蒜皮的小事，我与老公争吵不休，顿时，老公的形象在我心里大打折扣。他爱我吗？他不爱我？暗无天日，我完全失去了自信心。不如就这样算了，反正我也可以没有他。

忽然有一天，低潮骤然过去了，旭日初升。我觉得他是爱我的，他不会从我生命中消失，我不能没有他。我们欢天喜地地相拥，我们舍不得跟对方吵架。

人们常说，没有不吵架的夫妻，但如果是为鸡毛蒜皮之类的事吵架的话，就要引起我们的重视。这可能是要宣泄一种情绪，这种情绪不是厌烦，而是疲惫。对婚姻中的两个人来说，这种疲惫的感觉或轻或重，或长或短，这种状况可能也不会是换掉身边这个人就能永久消除的，所以，给自己的这种情绪一点耐心，也给爱适当地放个假吧！

再怎么恩爱，很少有一辈子从不争吵的夫妻。两口子天天在一起，难免会意见不合。吵架其实不一定对婚姻不好。甚至有人说："夫妻越吵，感情越好。"只要别闹过了火，以致无法收拾，这句话是有它的道理的。

夫妻生活久了，婚姻很容易变成单调乏味的例行公事，让人感受不到生气与活力。这种教人昏昏欲睡的节奏，总有让夫妻俩按捺不住的时刻。于是，生活里的一些鸡毛蒜皮小事便被拿来当成冲突的借口，抓住它来吵吵架、闹一闹，借此把长久积蓄下来的无聊感充分发泄出来，把压在心上的重担卸下，换得一身的轻松愉快。对那些感情上没有重大问题的夫妻来说，吵架的意义就在这里。吵过架之后，像下过一场倾盆大雨，让他们觉得生活变得更清新，两个人的感情变得更明朗美丽。

我的一位朋友说："我在和丈夫吵架时，根本就没有真正的动怒、生气，反而是抓住机会，用美妙的性生活给吵架画上个愉快的句点。"也许有人会不相信，两口子刚刚还吵得脸红脖子粗，怎么一到床上就能马上重归于好呢？可是实际上就是这样。有经验的人都知道，大雨过后必然是大晴天。俗话不是说了："床头吵架床尾和。"夫妻吵吵架没什么不好，又不是有不共戴天之仇。吵一吵，闹一闹，也是一种生活情趣。

她解释道："跟丈夫吵架时，两个人虽然脸上乌云密布，心里却没有真正动怒，也没有怨恨。吵架的原因往往微不足道，也无所谓谁对谁错，所以只要有一方先退让，另一方会马上鸣金休战，两人相视，转怒为笑，每次吵完架，他都倒茶给我，要我在沙发上休息、看电视，他去帮我洗碗什么的。他的退让叫我非常感激，晚上自然就要回报他了。"

肌肤之亲是解决夫妻吵架的好办法，但也有一些该注意的地方。首先要知道适可而止，吵到了某个程度就得停战，免得一吵过了火，会弄得不可收拾，彼此都找不到台阶下。

有些自尊心太强的丈夫，为了维持那不值几个钱的男子汉气概，说什么就是不肯先低头，这种男人真是不了解女人的呆头鹅。女人是最好面子的动物，她们争强好胜的心理比男人还强。如果男人不先让步，她们往往会撕破脸，不惜与丈夫长期抗战。

所以，大丈夫能屈能伸，认输才会赢得最后的胜利。既然两口子争吵只是真戏假做，妻子又心眼小喜欢争强好胜，不如自己先退让，让她得意又何妨。反正不是和外人争长短，面子是输给自己的妻子。再说，如果真心爱妻子，看到她高兴你也会高兴。那岂不是输了面子，赢了里子。如果你丈夫是个永不低头的硬汉，你就拿这篇文章给他。

下面我们看看专家给我们避免争吵的几点建议：

——意见放在早晨上班前 5 分钟。小两口起床后的短暂交流，是为了一天更好地生活和工作。你对他有意见，在这 5 分钟提出来最好。虽然对方难免会有心情不快、但各自很快就要出门上班了，这样既可避免不必要的冲突，而且分手后对方还有一个独自冷静思考的时间。

——幽默放在下班进门后 5 分钟。一天的工作之后，双方都很疲惫，有时也难免心情不好。夫妻回家相遇后的最初 5 分钟，该是"营造气氛"的时候，幽默的调情一定能换来爱人一个灿烂的笑容。

——赞美放在熄灯睡觉前 5 分钟。夫妻双方都有需要被他人肯定或赞美的心理。你对配偶的赞美无疑是一首动听的"催眠曲"。夫妻俩睡在一张床上，关灯前营造点儿温馨甜蜜的气氛，很有必要。

总之，生活中多一点幽默与赞美，也就多一点快乐与幸福。吵架呢不要争强好胜，让一让不吃亏，吵架的不良情绪最好在当天就能化解掉，不要让自己在不愉快的情绪中入睡。

　　佛说，修百年才能同舟，修千年才能共枕，而千年之后又能相守几时？请珍惜你们尘世间的千年善缘。

婚姻修成之
做能抓住男人心
的智慧女性

———•———

6

　　夫妻关系中更多的是无奈，所以要学会想到对方的好，曾经有过的好，该收敛时就要收敛，用包容的心去面对婚姻。经营婚姻的精髓在于沟通和协调，女人气势汹汹，男人一定无法回应，家里渐渐将被杂音弥漫；女人不体谅，男人一定萎靡不振，身体受到摧残，精神感到压力。如何管理丈夫是一门学问，更是一门艺术，懂得管理丈夫的女人，会像放风筝一样，给他广阔的飞翔空间，而她们就是那个手握风筝线的人，要时紧时松，收放自如：太用力了，线也许会断；太松弛了，风筝也许会搁浅。而维系在双方之间的那根线则是感情、家庭和责任。一辈子很长，相守不容易，给你的爱情好好做做功夫保保鲜，愿小女人的你永远快乐，感受爱情的滋润，家庭的温暖；更愿你的家庭永远像一棵大树一样，不断的成长，枝繁叶茂！

给男人一个
适度的个人空间

经营婚姻的精髓在于沟通和协调，女人气势汹汹，男人一定无法回应，家里渐渐将被杂音弥漫；女人不体谅，男人一定萎靡不振，身体受到摧残，精神感到压力。

人们常说男人有很强的占有欲，其实女人又何尝不是呢？

"老公只有一个，那只能属于自己。"许多女人都有这样的想法，因此总是很喜欢将老公控制在自己所能触及的范围之内，让他们事事都尽在掌握！

不过女人们往往想错了，男人们之所以怕老婆，不是为了逃避，而是一种理解与宽容，更是一种深情的爱。

"管"老公是必要的，因为天下的男人们没几个能闯过"酒色"关的，部分男人之所以能马马虎虎地过"关"，其主要原因就是因为有老婆管着。

而老婆之所以"管"，多半是因为深爱自己的丈夫，因此很担心丈夫有外遇而不爱自己，正所谓"爱之愈深，责之愈切"，于是要求丈夫在各方面都要依着自己，百依百顺，才能放心。

不过，"管"也是有上限的。首先是丈夫有错且不听劝告，其次一定要针对丈夫的脾气与性格采取措施。一位哲人说过："在一个家庭中，最可怕的是妻子拥有丈夫的躯体，而他的心早已离去……"从社会和心理学的角度来分析，"妻管严"实为一种病态的反映，是家庭生活的一种腐蚀剂，也是背在两人感情上的一个大包袱。

婚姻专家指出，如果妻子在家庭中总是制造出一种"妻管严"的局面，大权独揽、说一不二，而做丈夫的只能唯命是从，谨小慎微。从表面上看妻子将丈夫控制得周密，但在其服服帖帖的背后却隐藏着极大的危机。它不仅会使丈夫成为毫无进取心的庸人，而且能引起丈夫的逆反心理及心理变态，甚至发生家庭关系破裂。

曾经有这样一位妻管严的丈夫，一次在朋友家跳舞回家晚了，妻子在家早已严阵以待，回家后即被盘问一直到凌晨两点。事后还深入群众、同事中做了调查；舞会是否关过灯？开的是几支日光灯？跳的是什么舞？最后丈夫火冒三丈，忍无可忍，提出离婚，理由很简单：我要活得轻松点、自由点。

因此，聪明的妻子"对付丈夫"一定要讲些策略。不管用微笑，还是用眼泪，不管用撒泼，还是用撒娇，一定要站在对方的角度考虑一下，否则长此以往，老公的心可就会从你身边溜走了。

当然，在这个诱惑满街的世界，不是所有的男人都有柳下惠的定力，但女人如果动不动就河东狮吼，一有风吹草动就动手动脚，不惜以死相威胁，把男人盯得死死的，只怕他难以忍受，为了"自由"，只会离你越来越远，因为女人并不是唯一的太阳，行星也会脱离轨道。

男人因为有了女人才有了家，家是世界上最温暖的地方。没有一个男人不恋家，只要你的家充满理解，充满温馨，让丈夫在这里得到充分栖息，没有哪个男人会放弃自己的家，如果真有那些不想回家的男人，你死死抓住，就能拥有吗？因此，作为女人无须患得患失，总害怕失去。给丈夫一个"放心"，好好充实自己，丈夫会更爱你。

管了却像没管，管了却还让老公心存感激，这才是"管"的最高境界。

如何管理丈夫是一门学问，更是一门艺术，懂得管理丈夫的女人，会像放风筝一样，给他广阔的飞翔空间，而她们就是那个手握风筝线的人，要时紧时松，收放自如：太用力了，线也许会断；太松弛了，风筝也许会搁浅。而维系在双方之间的那根线则是感情、家庭和责任。

大多数女人的本意是：想要管住一个男人就必须抓住两个方面——男人的钱包和手机。经济和行踪都管理好了，一个男人想花心也难。

俗话说"男人有钱就变坏"，这似乎已经得到了大量实践的验证。为此，有些女人干脆把老公的工资先统一收缴"国库"，再按月发饷。这样做，尽管从管理力度上来说非常彻底，但从技巧上来讲却不近人情，而且男人出门在外要靠钞票充门面。我们可以每个月"征收"老公工资的一部分，作为家里的公共基金，当然你也要上交，这样既不会让老公觉得受到不平等的压榨，又达到了给老公钱包缩水的效果。

哪怕你再想知道老公的行踪，也不要贴身追踪，隔两三个小时就打电话查岗，这样做的结果只会让老公厌烦，更伤害了男人的自尊。我们完全可以先进入老公的社交圈，与老公的同事朋友交朋友，如果可能的话，更要跟那些太太交朋友。一旦太太同盟形成，老公们的行踪便尽在掌握了。

事实上，并非所有管老公的妻子都担心老公在外面有外遇，而是因为太心疼对方，什么事情都想替他操心：他约了朋友吃饭到点了还在上网，你要管；他的表妹过生日，他买了个公仔作礼物，你还是要管；他哪怕是去银行取个钱，你都担心他把密码告诉别人……为什么你事事都想管着他呢？是因为你爱他。曾经有人说过："当你觉得这个男人像孩子一样，任何人都可能欺负他的时候，证明你已经爱上他了。"

可是，可爱的女人们你们可知道，他在认识你之前，还不是一样活得好好的，一样和上司朋友打交道，一样给表妹过生日，一样去银行取钱……说不定你这样管了，你的老公还不会领情呢——他会觉得你不信任他，在你眼里他什么都不是，从而产生了逆反心理，以后做什么事情，去哪里见谁，再也不让你知道了。

　　还要提醒你的一点是：千万不要把婚姻看做生活的全部，而对老公过于依赖，以免这个城堡不堪重负被压垮。除了婚姻还有很多其他社会活动需要你的参与，譬如工作、关心父母、朋友、自己，以及各种广泛的社会活动。如果把自己的一切都和他绑定了，那你也就成为了他的附属，这样于自己是一种枷锁，于别人是一种负担。

男人爱面子，委婉的建议更适用

想让男人对你死心塌地，你用什么办法？沙滩、烛影、五星级套房——这套路一年一次已是费时费力，又怎能让每天存在的婚姻因此亮丽如初？只要记住这几句话，一切就尽在你掌握！

不要说："我知道你就会那样说。"

而要说："你以前就曾经这样说过，所以它一定还在困扰着你。"

很多话本身并非责难，除非你用的是含沙射影的语气。当你面带挖苦地说"我知道你就会那样说"时，无异于是在用另一种方式骂你的丈夫是个"笨蛋"、"蠢人"。美国西雅图葛特曼研究院创建者、《婚姻美满的 7 条准则》一书的作者、哲学博士约翰·葛特曼认为：轻蔑会加快婚姻的崩溃。离婚最明显的征兆之一往往是无论你丈夫说什么，你都不屑一顾。

不要说："你令我简直快疯了。"

而要说："你那样做，我真的很难受。"

你得明确表达是什么在影响着你的情绪，美国明尼苏达州圣保罗大学家庭社会学教授、哲学博士奥尔森认为，笼统地否定一切只会令婚姻关系愈加紧张，"特别是解释清楚你生气的理由"极为重要。

你需要强调他的行为带给你的感受，但不要列出一大堆的抱怨和委屈清单。记住：一次只指出一个问题，诸如，"当我想跟你说话而你只顾自己看电视时，真的叫我很难受。"

不要说："这事你一直就没做对过。"

而要说："你是做了很多努力，但用这种方式是不是太费劲了。"

责备你的另一半的行为不当，你往往会指出做这件事正确和错误的方法。虽然看上去你的方法可能最好，可事实上它常常是带有你主观偏好的。葛特曼博士指出："责难会使夫妻感情疏远。"家庭中两个人要做到相互平等，葛特曼博士举例说，当需要做家务活时，男人们必须抛掉让自己很舒服的想法；而女人也得放弃控制男人完成这件事的过程。"显然，做他的顾问比对他指手画脚效果要好得多。"

不要说："为什么你总是不听我说？"

而要说："这对我真的很重要。"

说你的伴侣总是不听你的不仅满是责备而且还夸大了怨气。毕竟，即使是最不虚心的人对你所说的话也会在意几次。美国西雅图华盛顿大学社会学教授、《爱在平等间：如何真正让婚姻平等》一书的作者、哲学博士佩伯·施沃兹指出：使用"总是"或者"从不"这样的字眼，你的丈夫"此刻就不可能和你进行正常的交谈"。同时这种全盘否定的说法也把问题的责任全部推到他的身上，而让自己脱离了所有干系。

而以"这对我真的很重要"这句话作为开场，则会为你打开一扇进行建设性对话的大门。施沃兹认为："它会令你有机会说出被他拒绝的话而且提出解决问题的建议。"

不要说："说得对，我正是要离开你！"

而要说："那给我一种想要离开你的感觉。"

威胁听上去好像很引人注意，但它们往往很危险而且不给进一步的交谈留一点余地。你的丈夫可能会对你说"再见"或者讥讽你不过是做做样子，而这两种结果都是对你的一种羞辱。

就算你确实怒气冲天一走了之，你们的关系也不会就此结束，尤其还要牵涉到孩子的问题。把那些一触即发的冲动放在心里，毕竟你"并不真的想要离开"，寻求能就此进行交流的途径。

在这种情况下，只要夫妻间的关系还没有破裂，说出真实的感受有助于接触到问题的根本。不过，对于大多数婚姻而言，动不动就用离开来进行威胁只能随着时间的推移而变成现实。葛特曼解释说："这就有点想自杀，总是威胁要离婚的人将自己未来的道路一点点逼进绝境。"

不要说："没什么不对。有什么让你觉得不对的？"

而要说："是的，有些事确实有问题。"

回避问题只会让事情更糟。伤口总是会化脓的，你的痛苦会将你们的关系抛向更为混乱的境地，并逐渐深化。

首先，承认有不对劲的地方，即使你并不准备立即谈论此事。这样做有助于消除紧张气氛并使你们两人处于寻求解决之道的同一条路径上。然后，计划好（第二天晚上或是这个周末）大家坐下来慎重地谈论双方的问题。

在上床之前解决问题是明智之举。但玛克曼指出，如果双方对某些问题存在严重冲突，那么，"在上床前硬要将这些烦心事弄出个所以然就并不恰当。"他建议，暂时将怨气放在一边，直到你找到能够处理问题的时间。在你感到不那么疲惫和累的时候，会更容易发现解决问题的方案。

不要说："你总是偏袒孩子。"

而要说："父母作为一个整体，我们的意见需要更为统一。"

"总是"这个词是一个红色的危险字眼，充满谴责并常常引发怒火。而且你的丈夫也会因此而处于防御状态，武装自己只待"一战"。

教育孩子方面频繁地意见相左不仅会产生反作用还可能造成家庭分裂。生活在吵吵闹闹的父母中间，孩子会对你们的不和渐渐习以为常。他们也许会把你们婚姻的不幸归咎到自己身上。所以在处理这方面的分歧时一定要避开孩子；将所有的委屈以及意见都暂时保留一下。如果你们之间育儿哲学的差异已经大到影响婚姻的程度，你们不妨考虑专业人员的咨询服务。

玛克曼博士建议你可以这样说："昨天晚上我在辅导孩子做功课时，你对他说不一定非得完成。我觉得你这样削弱了我对他的教育，而且对孩子也没有帮助。你怎么看呢？"然后听丈夫作何回答。

不要说："你怎么能那样对我？"

而要说："这伤害了我的感情。什么原因你会那样做？"

有不少夫妻在相互指责时都扮演了受害者的角色。玛克曼解释说："它间接地表达着你心中的怨气、遭到的羞辱和背叛。"你需要了解你的伴侣这样做的目的。例如，说："你没给我打电话我感到很伤心。是什么原因使你昨天晚上不和我说一声那么晚还离开家呢？"这样说之后，你们两个人才能以建设性（而不是破坏性）的态度表达各自的观点，从而打破僵局。采用这种方式也意味着你应该做好真正听他说出事实的准备。

指责的话刚脱口而出，你就后悔了；和丈夫说话总是生硬硬的；或者你的本意也许是好的，可说出来却全变了味——这时一场争执往往在所难免，错误信息的传递眼看就要引发夫妻大战。如果能有一些更好的方式来表达你的感情那该有多好？

1. 男人心情不好，或认为你企图改变他时，作为女人，你不要与他针锋相对，不要以大量质问而攻讦。

除非他同意或乐于与你交谈，你才可以给予适当的关怀。别为"诱使"对方与你交谈，因此给予过多的关怀，"点到为止"。

2. 不要以任何方式改造男人。他需要你的爱，而不是你的拒绝。这才有利于他的进步。

要信任他的能力，他可以按其方式成长和进步。你不必越俎代庖。你可以坦率说出想法和感觉，不过，万不可发号施令，强求他做出改变。

3. 你随意指出他的缺点和不足，想当然地提供建议，男人觉得，你是在控制他，拒绝他，否定他。

多一点儿耐心！你要相信，他可以凭借努力，学到他应当学到的一切。如有必要，他自然会向你"取经"，你要等待时机。

4. 有时候，男人异常固执，拒绝做出改变。这说明他没有感受到爱。男人害怕承认缺点和错误，宁可回避现实，也不愿听到你的轻蔑或挖苦。

要尽量让男人相信：他不见得成为完美的人，才能得到你的爱。

5. 你不遗余力，试图让男人的付出和你一样多，他的压力就会陡然增大。他可能恼羞成怒，拒不改变。

从事各种喜欢的活动，不要整天以他为中心。否则，你就阻断了快乐的源头。

6. 你心情不好，可以选择适当时机，以得体的方式讲出心里话。你没有必要迫使男人改变，适应你的要求。你越是接受男人，他就越是想听你说话。

讲述真实的感受时，不要做出提醒或暗示，告诉他该做什么。你要做的，只是鼓励对方考虑你的感受。

7. 你想当然地给他指导或建议，为他指明方向，就会弄巧成拙。他觉得被你置于控制之下，被你"牵着鼻子走"。

尽量放松，心平气和，接受对方的缺点和不足，不要求全责备。尊重他的想法和感受，不要教训他，也不要给予修正。

多一些善解人意，
不做怨妇

爱和怨在日常生活中往往同时存在、形影不离。有时，夫妻间爱得真挚，便恨得痛切；有时，误解突生遂势不两立，误解一释，便和好如初。情人怨所爱的人陡生恶习，慈母恨孩子久不成材，此怨此恨中正包含着深切感人的爱。

"夫妻关系中更多的是无奈，所以要学会想到对方的好，曾经有过的好，该收敛时就要收敛，用包容的心去面对婚姻。"

一个宽宏大量的人，他的爱心往往多于怨恨；他乐观、愉快、豁达、忍让，而不悲伤、消沉、焦躁、恼怒；他对自己伴侣和亲友的不足处，以爱心劝慰，述之以理，动之以情，使听者动心，感佩，遵从，这样，他们之间就不会存在感情上的隔阂，行动上的对立，心理上的怨恨。

然而，在日常生活中，令人烦恼的事情时有发生。有时，不管你愿不愿意，它都会突现在你面前，给你心中留下哪怕是短暂的印象，使你感到不快、厌烦；有时，一些重大的事情突然发生了，这就可能在你的心灵深处造成重创，甚至威胁你的生活。而造成这些伤害的人，如果正是与你朝夕相处的人，你该如何对待他呢？

1. 爱人就是爱人，只要去爱，不要拿来比较，不要老说别人的老公如何如何好，别数落他没出息，你是他最亲密的人，你还这么说他，好像不太应该，对大多数男人来说，赞赏和鼓励比辱骂更能让他有奋斗的力量。何况，爱他还忍心伤害他吗？爱他一定要尊重他，再生气也不可以出口伤人，言语的伤口有时一生都在流血的。身体的伤害很容易治愈，精神的伤害后果是可怕的。

2. 不可以整天追问对方爱不爱你。他若真爱你，你不必问；他若不爱你，他已做了你的丈夫，难道他会对自己的妻子明确地承认吗？除非他不想要这段婚姻了。他对你的爱，用心去体会就品味出来了。爱是做出来的，不是说出来的。老挂在口头上不落到实际的爱太苍白无力，婚姻是现实的，生活是现实的，风花雪月的恋爱，不是真实的生活。婚姻是从柴米油盐中感受爱的。

3. 不要摆脸色给对方看，一个生气的女人是很丑陋的。他工作已有许多压力，没有义务回家还要看你的脸色哄你开心。对方性格上会有缺点，生活细节会与你不同，令你不满意，但他怎么可能是完美的，在你面前，他要放下面具，做回自己，做个普通人。宽容是做人和对待婚姻应有的态度。容忍和体谅对方，

4. 男人对自己的尊严看得比什么都重要，不管在私下他有多么宠爱你，多么怕你。在人前一定要给足对方面子，让他做天不怕地不怕老婆更不怕的他口中的顶天立地的男子汉，他应该不大会喜欢朋友们开玩笑取笑他怕老婆。除非他有足够的强大后盾和高高在上的身份，可是，我们大多是普通人呀。

5. 男人大多喜欢吹牛，你别戳破他的这个小把戏，他们这么样可以让自己得到一点力量，找到一点自信，好继续人生征程下面的拼搏。虚拟的成就感能让他心情明朗起来不好吗？没人喜欢自己一无所是。

6. 男人骨子里全都喜欢美女，看到美女会目不转睛或回头行注目礼，你别认为他不爱你，也别认为他好色，爱看美女是男人的本能，与品格无关。何况，爱美知心人皆有之。你难道没偷看过帅哥吗？

7. 不要太虚荣，不要太功利，物质的追求是无止境的，你是活自己，不是活给别人看的，鞋子合不合脚只有自个知道，舒服最重要，其他的都是装饰，是虚设。何况俗话说：千金易得，有情郎难寻。真爱无价，情义无价。

8. 男人为何喜欢温柔的女人，因为他们内心很脆弱，不像外表般坚强，他

们需要妻子的柔情似水，柔声细语，轻怜蜜爱。知要你有温雅如兰的外表和气质，有吐气如兰的声音，有含情脉脉的眼波，他们很容易化百炼钢为绕指柔的，温瑞安有本书叫《温柔一刀》，温柔，可以杀死一个男人的，对于男人，那是致命的诱惑。

9. 家庭永远是第一，我们固然要对工作负责，要有职业道德，要从工作中得到乐趣，但不要做工作的奴隶，我们工作是为了更快乐地和家人在一起，享受生活，享受生命很重要。

10. 爱人的父母就是自己的父母，将心比心，爱屋及乌，老吾老以及人之老，只要内心深处真正感到这就是我自己的父母，心理上对老人依恋亲密，老人会感受到这份真心的。何况，人老了很像孩子，只要像哄孩子般哄老人开心就好了。

体贴，是婚姻中所必需的一味调料。一个对你毫不在乎、毫不关心的人，我们真的可以与其共度一生吗？回答是否定的，因为互相关爱是维持婚姻稳定和谐的重要因素之一。没有人真的会一味付出而不求回报，生活在召唤谅解的作用，还在于它能唤起失望者对人生的向往和留恋，它可以促使犯错误甚至犯罪的人改邪归正，重新做人。

生活中，谅解可以产生奇迹，谅解可以挽回感情上的损失，谅解犹如一个火把，能照亮由焦躁、怨恨和复仇心理铺就的道路。谅解也是一种勉励、启迪、指引，它能催人弃恶从善，使歧路人走入正轨，发挥他们的潜力。

包容他的缺点，把爱进行到底

哈佛学子詹姆斯曾说："在每一个人的性格上都可以找到一些小小的黑点。"由此可见，每个人的身上都有一些缺点。爱一个人，不但要爱他的优点，更要爱他的缺点。只有这样的爱，才能够经得起岁月的洗礼。

很久以前，有一对人人羡慕的恩爱夫妻，一起走过了50个春秋。50年的时光竟没有让他们的爱情有一丝的褪色，反而是越来越炽烈；那些为家庭矛盾困惑的朋友很是不解，便向他们询问：50多年的相随岁月，如何走过来？她答一个"忍"字；问他呢，他答一个"让"字。

这在追求自我的年轻一代看来，简直不可思议！如此忍让度过一生，人生还有什么幸福？生命还有什么意义？

若再追问，忍字头上一把刀，难呀！她说：一点都不难，凡事多替他想想，不就没怨气了？问他该怎么让？他说：很简单，她喜欢的事，就让她去做，总得给她一片自己的天空。

在他们结婚纪念日的庆典上，来宾请他们发表一下携手半世纪的感想。一向谨言慎行的他，站起来，看着她，慢慢地说："我们结婚时，她19岁，我现在看她，好像还是19岁那时的模样。"他说得那样坦然自在。在他和妻子凝视的目光里，来宾们明白了什么叫50年的爱情。大厅里响起一阵热烈的掌声，久久不息。

这对夫妻很会生活。他们在经历了无数的岁月洗礼后，爱情依然炽烈如火。这是为什么呢？这是因为爱情不仅需要理解，更需要包容。人与人之间尤其是男女之间不可能有严格意义上的彻底沟通。往往似了解非了解而产生一种神秘的情感，就成了爱情。一旦了解了，优点视而不见，缺点一目了然，便会产生许多失望。所以，许多夫妻的幸福秘诀，是爱对方的缺点。一个人身上的优点谁都喜欢，而缺点，尤其是隐秘的缺点，只有爱人知道，并能够容忍，久而久之变成一种习惯，就相互适应了。这种习惯和适应构成了一种深切的别人无法替代的关系。生理、心理上的一种完全的容忍、默契、理解，胜过浪漫的爱。

有一对夫妻吵架，和千千万万的家庭吵架一样，由一个人起头，然后各自数落起了对方的缺点。

男：没见过像你这么蛮不讲理的女人。

女：彼此彼此，我也没见过像你这样粗鲁蛮横的男人。

男：你看看人家某某妈，又能干又体贴，总是把家里收拾得干干净净，哪像你除了在家睡觉，其余时间都在麻将室。

女：你还好意思说我，也不看看某某爸爸，一份工作的工资就是你的两倍，还利用休息时间在外边做兼职。

……

在这种指责和对比下，夫妻双方都不能包容对方的缺点。其实，两个人能够走到一起，除了少数是因为父母家庭的原因，多数人都是自愿的，但是为什么开始的时候能够接纳对方，一起生活了一段时间就开始厌倦了呢？这就是所谓的"距离产生美感"造成的。在现实生活中，夫妻在一起生活的时间长了，就没有了以前的神秘感，各自的缺点在对方眼里暴露无遗，于是，在有些人的眼里，自己的另一半就只剩下缺点，并且时间越久，越会无法忍受对方的缺点。

有一个美国专家对结婚超过3年的夫妻做了一个调查，得出了这样一组数据：25％的夫妻说他们还是幸福快乐的，25％的夫妻则是在婚姻专家或心理医生的辅导下勉强维持，另外50％的夫妻则纯粹是在无可奈何的忍受着自己的婚姻生活。

这个统计表明，无论多么美满的婚姻都有发生变质的可能，三五年之后，刚结婚时的新鲜感消失殆尽，俊男不再，美女也已变糟糠……这些似乎都是"家花不如野花香的理由，"也是造成很多夫妻亲手摔碎爱情"陶罐"的最大原因。

爱情不像成功成名等，可以通过自己的努力来实现，真爱可遇而不可求，一旦到来之后，又如陶罐般脆弱易碎，并且破碎后就再也没有办法还原。所以，只有懂得包容，懂得好好呵护这只"陶罐"的人，才能将真爱进行到底。

要想真正做到包容并不容易，特别是性格急躁的人，脾气来了就什么都顾不上，别说包容，能够躲过他的一场狂风暴雨就已经算不错的了。所以，要做到包容并不是一件容易的事。但是，世界上的事怕就怕认真二字，只要方法对了，再加上自身的努力，就没有什么是做不到的。

相濡以沫，
需以珍惜待之

有这样一个故事：古时候有个书生，和未婚妻约定了结婚的时日后，就一心苦读，希望能够考取功名。然而，还未等到书生功成名就，就被告知未婚妻已经另嫁他人。书生受此打击，一时承受不了，便有了轻生的念头，于是他来到一处山崖上。

一位云游四方的僧人刚好路过，一见书生的表情，心里就明白了七八分。于是他走过去问道："施主正为何事烦恼？"书生想僧人虽是方外之人，看样子却也通情达理，就将未婚妻嫁人的事和盘托出。

僧人听罢哈哈大笑道："施主糊涂！"同时从怀里摸出一面镜子叫书生看……

书生探过头去，看到茫茫大海，一名遇害的女子一丝不挂地躺在海滩上。一人路过此地，看一眼，摇摇头，走了。又一人路过，将衣服脱下，给女尸盖上，也走了。再路过一人，过去，挖个坑，小心翼翼地把尸体掩埋了。

看完后，书生不解，僧人解释道，那具海滩上的女尸，是你未婚妻的前世。你是第二个路过的人，曾给过他一件衣服，她今生与你相恋，为的是还你一衣之情。但是她真正应该报答的，应该和他共度一生一世的，是第三个人，因为前世埋她的人是他。书生大悟，终于收回了轻生的念头。

佛教认为：夫妻本是前缘，无缘不合。没有前世甚至前几世积累起来的缘分，今生就不会走到一起，更不会成为夫妻。有首歌也是这样唱的：百年修得同船渡，千年修得共枕眠。可见两个人能够成为夫妻并不是一件容易的事，因为那是千年的修为方才得来的结果，如此看，我们是否该学会珍惜与自己相濡以沫的爱人呢？

"没有得到的，就是最好的。"经常听到人们说这句话。在我们的生活中，很多人都抱有这种心理，他们往往对"失去"的那位加以美化，而把自己身边的这位与"失去"的那位作对比，就会发现身边的这位一无是处，怎么看都不顺眼，而"失去"的那位却完美无缺犹如神仙一般。其实，那完全是人的心理作用，人总是沉醉于自己的幻梦之中。当梦醒的时候，才会发现眼前的才是最好的。

有一个年轻人曾经与一少女相恋多年，那少女活泼、开朗、能歌善舞，是个人见人爱的"黑牡丹"。后来，"黑牡丹"远嫁他乡，而这年轻人也早已为人夫、为人父。只是他觉得妻子这也不顺眼，那也不顺心，与自己心中的"黑牡丹"简直不能同日而语。他的妻子为此常常黯然神伤。后来，索性放开他，让他去异乡看望他的梦中情人。他在三天两夜的火车上，设计种种重逢的浪漫。

当他满怀憧憬地敲开了"黑牡丹"的家门时，开门的竟然是一个腰围大于臀围的黑胖夫人。这就是令他魂牵梦萦的、朝思暮想的"黑牡丹"！

他回到家后，竟突然发觉妻子什么都好，妻子也破涕为笑，从此，两人过得和和美美。

当这位朋友见到自己日思夜想的梦中情人后，他一下子惊醒了：原来自己陶醉在了自我的想象里了。从此，他便对妻子的态度有了改观，看到她什么都好。

很多人总是向往一些不切实际的东西，他们总是努力不懈地追求着自己梦想的东西。可是有一天，他们却发现自己拥有的才是最好的，而自己从来都无视于它的存在。

珍惜自己拥有的，就是珍惜自己的幸福生活，同理，如果感受不到幸福，首先应该在自己的身上找原因，因为，那往往是自己不懂得珍惜造成的。

上帝拿出两个苹果，让一个幸运的男子挑选。然而两个苹果都红润饱满，男子不知该选哪一个，于是问上帝："你有的是苹果，是否可以将两只都送给我？"

上帝笑着摇头道："你只能从中选择一个，放弃另外一个。"男子权衡再三，终于下定决心，选了其中的一个。然而，在男子拿着苹果转身离去的那一刻，他又突然的转身对上帝道："我想换你手上的那只。"然而，上帝已经离开。于是，这个男子拥有了一只美丽的苹果，但是，在他的一生中却从未感受到任何幸福，因为在他的心中，惦记着的始终是那只没有得到的苹果。

不懂得珍惜就如同不懂得知足，越是得不到的越认为是最好的，这样的人只会永远生活在得不到的痛苦中，而无法用心去感受已经得到的幸福。

所以，从现在开始学会珍惜，学会把握现有的幸福，学会善待自己的爱人，你会发现生活比你想象的要美好，你的家庭也会更加的美满幸福。

聪明女人，
不让男人丢面子

你知道男人最在意什么吗？在最近的一项有趣的调查中，被问及这个问题的男人几乎都不约而同地回答"面子"！男人需要有面子，男人也最怕失去面子。

女人们总是抱怨男人们太爱面子了，大概没有谁看到男人撕破面子后的泼妇形象吧！丢掉面子的男人一是变得疯狂，二是变得超然。聪明的太太若是肯花点小心思，小技巧来维护自己先生的面子，将会使两个人的小氛围经营得和谐美满。

[聪明的女人要学会示弱]

王先生是香港人，最近在广东开了家饭馆，生意也挺不错。某天，餐厅打烊后太太因一些不起眼的小事对老公破口大骂。母老虎发威，自己当然怕落入虎口，连骨头都不吐出来。于是情急之下，王先生钻到了桌子下面。正在这千钧一发的时候，有位客人来取网在饭馆的皮包，就这样刚好就撞上了。太太顿时觉得很尴尬，进退两难。可是毕竟是一个八面玲珑的女人，王太太急中生智，拍了拍桌子："亲爱的，我都说抬比较好，你硬要自己扛。好了，正好来帮手了，下次再展示你的神力吧！"王先生顺势下坡，连连夸奖夫人聪慧过人，一场危机因太太给面子而迎刃化解了。

向艳更是奉行"先生之上"，她在卧室的墙上贴着她制定的"家规"：第一，实践证明老公永远是对的，一切事情都由他说了算。第二，万一他有时做错了，仍参照第一条执行。先生在感动之余又添了第三条，太太永远享有裁决权。夫妻俩结婚10年过去了，依然恩恩爱爱。她的秘诀就是，给先生最大的面子，为自己赢得最大的幸福。

[女人不妨谦和些]

先考虑对方的接受程度，再施之以小技巧提示，是一个聪明女人的小狡猾。一方面这样不会让老公丢面子，另一方面又可以得到我们希望得到的结果。比如老公在刷过牙后总忘记盖牙膏盖，你可以多说几句"请，谢谢"，而不要向他频频甩出"不应该，不准，不要"之类的话，他不但不会欣然接受，反而会恼羞成怒。心想：我堂堂一个大男人又不是小孩子，哪里用得着提醒说教！

[陪先生一起流泪]

都说"男儿有泪不轻弹"，非到动情或者是难以忍受处男人是不会流出珍贵的男儿泪的。男人其实非常累，每天睁开眼便是无尽的责任与义务，而他们的脆弱与无助又不愿意坦白承认。在他取得成功时，又需要给与他足够的欣赏。偶尔他遭遇了不公与挫折时，不妨陪他一起流泪承受，给与他支持与倾诉的对象。聪明的女人还学会健忘法，旧事不再重提。

[聪明的女人多练心]

练心≠操心，操心的女人吃力不讨好，而练心的女人却可以给足自己先生面子。多多练心，让你的修养、城府、风韵、容颜、智慧、笑容都为你的男人赚足面子。试想玉树临风旁有佳人相伴，是何等美妙的事情啊！

［聪明的女人是"心理母亲"］

人们很难将"撒娇"与"男人"划上等号，但实质上撒娇并不是孩子和女人的专利。哈佛大学公共卫生学院在调查走访了 1 400 多个家庭后得出结论：其实男人比他们的太太和孩子更爱撒娇。母亲给予我们无条件的呵护、滋养与安慰，这也自然成为了人们撒娇的对象。因此，女性的母性本质也诱惑着男人私下里对她撒娇。

成年后的男人，更多承受着的是压力与期盼，很少获得孩提时期被人关爱的感觉。因此他们很希望能够在女性主动的爱抚与关怀中得到释放。很多男人受了委屈后都会选择沉默。但归家后的他们总是愿意把这份脆弱暴露给自己的"心理母亲"——太太，以求得到心灵上的"安慰"。这样的撒娇让男人觉得自己又重新被母亲拥入怀中，轻柔爱抚。因此，聪明的太太应该敞开怀抱，去迎接先生的撒娇。

成功婚姻，
需要一些共同喜好

在吸引丈夫的秘诀中，与其日夜盯住他的人，不如"拴"住他的心。其中最好办法就是能够和丈夫共同分享嗜好，一起享受生命中难得的轻松与喜悦。

成功的婚姻，不仅仅是靠每天的朝夕共处，还要靠分享与倾听。夫妻如果拥有共同的爱好，彼此分享生活中的乐趣，可以使生活更加和睦与和谐。但是在现实生活中，许多妻子都忽略了这个重要因素。在她们的价值观了，认为现代社会都是各忙各的，每个人都有着自己的一份事业去操持，哪里还有奢望去共同品味兴趣呢？！更何况自己也是一个独立体，为什么一定要强迫自己去适应对方的一些爱好呢？这样的个人主义思想正是让婚姻生活逐渐趋于平淡的"元凶"——其实许多男人也和普通女人一样拥有较为纤细的性情，当妻子没有获得妻子适时地关心与呵护时就会产生孤独的感觉。这种孤独迅速放大，将自己彻底包裹在一个灰色的世界里面，最后把自己封闭成一个巨大的茧，不能呼吸，从而成为婚姻生活中的单身汉。

如何让自己的丈夫免于患上这种"自闭症"呢？古代的一则故事就告诉了我们一个非常有趣的现象，发人深省的同时，十分耐人寻味：

传说埃及艳后克里奥派特拉之所以颠倒众生，不是因为她有沉鱼落雁之容、闭月羞花之貌，而是因为她也会"钓鱼"。虽然古代并没有临床心理学这门课程，但埃及艳后克里奥派特拉却十分懂得掌握人类的心理，特别对男人最为管用。其中最主要的原因在于，她拥有与别人分享快乐时光和爱好的能力，这种"特异功能"

使她所向无敌。

克里奥派特拉精通埃及所有附庸国的方言，当这些附庸国的使节前来朝贡或拜会时，她可以不需要翻译人员，直接用方言和他们交谈，单凭这一点，她便成功地赢得了他们的支持。

克里奥派特拉的情人安东尼喜欢钓鱼，于是她一改以前常常举办大型宴会的习惯，反而常跟着安东尼一起去钓鱼。有一次，安东尼在水边枯坐了近几个小时，却都有没有钓到一条鱼，于是她便叫一个奴隶潜游到水底，把一条大鱼挂在安东尼的鱼钩上，如此用心良苦，只是为博得安东尼的欢心。

诸位妻子们不妨想象一下，如果你的丈夫十分沉迷于钓鱼，你是否愿意脱下套装，换上雨衣雨鞋，像克里奥派特拉那样不畏寒暑，陪他一起去钓鱼呢？

外貌修饰，往往是生活富裕，不需要为经济担忧的妻子们最热衷的事情。每当谈论到哪家瘦身中心效果比较好，或是哪位影歌星多在哪一个美容院保养时，她们就会眉飞色舞。不然就是比较谁的丈夫更加有本事，如何赚钱等等，却往往忽视了物质层面之外的精神生活。对于丈夫的爱好或兴趣，许多妻子甚至一无所知，这种不知道是由于漠不关心所造成的。有些妻子常常感到寂寞或者是不快乐，时常埋怨自己的丈夫不是将休闲时间花在棋盘上或球场上，就是和朋友鬼混，认为他们完全不顾家中还有一颗期待、盼望的寂寞芳心在苦苦空守。

其实一味抱怨丈夫解决不了任何问题，如果你能够像埃及艳后那样学会"钓鱼"，就能够克服寂寞，不但将对于丈夫的不满抛到九霄云外，甚至可以展开生活中新的扉页。

里昂·赛门克是个著名的工程师，他建造了许多大桥，他还是杰出的业余运动员——几届奥林匹克剑道代表团的团员，以及高尔夫球赛冠军。他的妻子弗洛南希在刚结婚时，连这些运动最简单的术语都还搞不清楚，但她后来不仅学会了打高尔夫球而且还三次获得美国女子剑道比赛的冠军，又数次入选奥林匹克代表队。假如不是她不厌其烦地下功夫学习，和她的丈夫共享兴趣与爱好，恐怕她的丈夫就必须舍弃生命中部分有价值的生活，或是在丈夫追求喜好的运动时，她只好独自排遣寂寞乏味的人生。

妻子如果学会了在丈夫的休闲娱乐之中共享乐趣，就不怕被丈夫放到一边了。和丈夫共享他的爱好，是使他快乐的一个方法。同时，让他有一些完全属于自己的特殊爱好和兴趣，也是很重要的。

有个非常标准的单身汉告诉过我，如果他能够找到一个女人。愿意陪伴着他，而且在他希望单独自处的时候，能够尊重他的这种基本男性愿望，让他独自去做自己喜欢的事，那么他就会马上和这个女人结婚。

的确，许多男性都有一些爱好或兴趣，他们在这方面全心投入，甚至可以当作第二专长来发展。但女性多半将自己局限在具有"实用"价值的事物中一，而缺乏一份童心或享受"快乐"的能力。

如果妻子能分享丈夫的休闲娱乐，并从中得到乐趣，就一定不会被丈夫搁在一边，撇下不管。人都有惰性，男人尤其懒惰，一位丈夫如果在家里也能从事自己的爱好，怎么会舍近求远，一天到晚在外流连忘返呢？所以说，妻子如果不能与丈夫分享嗜好，十分可能将丈夫从身边推开。被推出家门的丈夫是不幸的，特别容易受到别人的同情，如果此时再认识一位"红粉知己"，那么一场家庭纠纷便无法避免了。

当然，在共同从事休闲活动方面，不一定要以丈夫的兴趣或爱好为依归，如果你本身有很好的兴趣，也可以邀请他一起参与。但是必须注意的是，嗜好或兴趣一定不能违背道德和法律，如果丈夫好赌、酗酒甚至有偷窃癖、喜欢行骗等等，你却不知规劝，仍然一味迎合、分享，那就不是去寻找乐趣了，而是成了自找麻烦、不知死活了。

聪明女人不给男人施加太多压力

船超重了会沉，男人超负荷了也会崩溃。女人不能既想马儿跑，又想马儿不吃草。男人再强大，也是血肉之躯。现在有许多女人对男性的要求太多了，女性"唯乐主义"膨胀，使得男性"唯实主义"受到相当大的干扰和挤压，是不是应该让身边的男人也宽松宽松呢？聪明的女人不会给男人施加太多压力，她知道，一旦超载，男人这条船就翻了，自己也会落到水里，得不偿失。

阿峰今年 50 岁，当上了公司经理，任务繁重。过去，阿峰在家负责辅导读高中的儿子，可现在因为太忙了，根本顾不上。他只好和妻子商量，想把"家教"的任务让给她。但他的妻子不同意，说："你这是想把我拴住，而你就可以用业余时间去陪客户、泡小姐。哼，你别当我不知道！"

不久，阿峰得了焦虑症，总担心企业会被自己搞垮，整天忧心忡忡的。一方面担心有天 100 多号职工都来向自己张口要饭吃怎么办，另一方面担心没有他的全力协助孩子会考不上大学。他对未来完全失去了信心。在单位，他坐立不安地惦记着家里；在家里，他辗转反侧地想单位的事。他妻子呢，不但不替他着想，还常常奚落他。他终于病倒了，而且病得不轻，犯起来不是前心疼，就是后背酸，要不就是肝区压痛，甚至一连几天胃胀腹泻……医生下了一串打问号的诊断，说难以确诊。

迫于无奈，阿峰只好卸任了，把企业交还给上级，把独生子推给了老婆。这位中年男人扪心自问：自己愿意病倒吗？不！他不想病，可是他没有出路，身不由己。如今阿峰不再为公司担心，也不再为私忧虑，只想好好地活下去。妻子这时才后悔当初给了老公太多的压力。如今只得自己一个人辛苦了。

女人总爱想当然地以为男人这样男人那样，凭自己的意愿让男人这样那样，岂不知这些都是在给男人施加压力。不妨听听男人怎么想：

1. 当我提出她使我感到压力时，她能够欣然接受，而不指责我吹毛求疵或不爱她。我希望她能够依我们讨论的方法将彼此关系拉近。

2. 她能承认自己也有自私的一面，我不是唯一以自我为中心的人，她自己对于爱情的付出也有限，甚至有时她只是利用我去满足她的要求。

3. 她知道沟通应该是双向的。当我们争执后能平静地讨论原因，我希望她知道我的激烈反应有部分是受她影响所致。我不希望被指为是"有问题的一方"或"不懂如何爱人"。

4. 她不会因我或我们的关系而牺牲她身边的其他事物；因为她这样做，会使我感到被迫付出多于我愿意付出的。换句话说，我希望我所爱的女人能够了解：当我付出比她期望的少，不一定是我的错。

5. 她能够容许我有自己的意见，不会认为我的意见不当，而强迫改变我。当碰到问题时，她能够与我并肩作战；当我们发生争执时，她能够视它为一种拉近彼此距离的沟通方式，而不会认为我提出问题是在找麻烦。

6. 她不会过分要求我超越自己的能力去令她快乐。我也不希望她改变自己来迎合我，并希望我为她的牺牲负责，她不要只告诉我对我们的关系有任何不满，而是要提出一些如何改善的方法。我不希望老是得猜测她的想法，现在她是否不高兴？

7. 她不会过分高估或低估我，我只是一个普通人，有优点亦有缺点，我跟她一样也有脆弱的一面。

然而，眼下的女强人是多了，这并不表明她们就真的不想小鸟依人，不想在一个足够强大的男人怀里甘当弱者。一个女总裁就十分反感别人叫她"女强人"。事情还有另一面，就是女人明显地在性方面却是进化了。她们性别的意识空前地觉醒，她们挖空心思都希望做一个更像女人的女人。

而男人迫于生活的压力与家庭的负担，只得拼命地往大款的队伍里挤去。他们渴望找到一桩可以稳赚不赔的生意，希望股市和楼市永远牛气冲天，希望人民币能升值到1980年前与美元一比一点几的水平，希望在福利彩票上中头奖……

总之，男人现在是左右、里外都有挑战和压力，心理和生理都责任重大，"腹背受敌"！所以才应运而生出了那句"男人也需要关怀"的胃药广告词。所以生活中的小女人要多体谅男人的艰辛，给丈夫减减负，让他感受到家庭的温暖。

[用心去倾听，
用爱去解决]

生活中懂得倾听十分重要，那么，怎样才能成为丈夫的"好听众"呢？至少要有下列三个条件——这三件事是一个好听众所必须做到的。

[方法一：用眼睛、脸孔、整个身体倾听——而不是只用耳朵]

如果我们真正热心地倾听别人说话，我们就会在他说话时专注地看着他，我们还会稍微向前倾着身子，我们脸部的表情也会有反应。

认真倾听，当一个好的听众，不仅可以给说话者积极的暗示，倾听者也可以从中获得许多知识。

玛乔丽·威尔森是魅力训练方面的权威，她说："如果听众没有什么反应，很少有人能够把话讲得好。所以，当一句话打动了你的心，你就应该动一下身体。当一个主意适时地感动了你的时候，就像你心里的一根弦被震动了，这时你就该稍微改变一下坐姿。"

如果我们想要成为一个好听众，就必须做得好像我们很感兴趣——我们必须训练我们的身体，机敏地表达自己的感情。

注意那只在老鼠洞外等待老鼠的猫，如果你想知道如何才能有表情地倾听的话。

［方法二：问一些诱导性的问题］

什么是诱导性的问题？诱导性的问题就是在发问中灵巧地暗示发问人内心当中已有的一个特殊答案。直截了当的问题有时候显得粗鲁无礼，但是诱导性的问题却可以刺激谈话，并且可以继续推动话题进行下去。

"你如何处理劳工和主管问题的？"这是一个直截了当地问法。"史密斯先生，你难道不觉得，让劳工和主管在某些范围内获得相互妥协是很有可能的吗？"这就是诱导性的问法。

诱导性的问话，是任何一个想要成为好听众的人所必备的技巧。如果你要聆听丈夫的谈话，并且不直接提出他不想听的劝告，那么诱导性的问话就是一个不会失败的技巧。

我们只需这样发问："亲爱的，你认为做更大的广告可能会增加你的销路，或者将有可能是一种冒险吗？"你提这种问题并不是真的在给他劝告，但是这种问法常常会得到相同的结果。

当我们遇到陌生人时，正确的提问方法是克服羞怯，或打破沉闷的最好工具。当人们开始谈到自己的想法，而不是谈天气、谈棒球，或谈某人的疾病时，他们就会说得忘我了。

［方法三：永远不要泄露秘密］

有些男人从来不和他们的妻子讨论事业问题的一个原因是：这些男人不能保证他们的妻子不会把这些事情泄露给她的朋友或美发师。他们讲给自己太太听的每一件事情，都有可能从她们的耳朵进去，然后又从她们的嘴巴说出来。

"约翰希望在维吉先生退休以后马上得到公司的经理职位。"这是丈夫在桥牌桌上随便说出来的话，但是第二天就有人打电话给约翰对手的太太了——于是，约翰就在完全不知道原因和真情的情况之下，被暗中排挤掉了。

我曾访问过的一个公司总经理告诉我，他在家里谈论公司里的问题，竟也会流传到公司，甚至使他的职员丧失信心。"我很讨厌在超市或鸡尾酒会上大谈公司的业务。那些女人真是太多嘴了！"他轻蔑地说道。

甚至还有一些女人，会利用丈夫对自己的信任，而在以后的夫妻争论中拿出来作为打垮他的工具。例如下面这种情况：

"你自己亲口告诉过我，你曾经只因为一纸契约，就买下了那些过量而不必要的剩余物品——而现在你却说我浪费太多钱去买衣服。难道只有我奢侈？哈哈！"

像这样的场面多发生几次，这个小女人就不会再受到她先生向她大谈业务的"骚扰"了。她丈夫将会发现一个事实：自己对妻子倾吐过多的实情，只不过是给了她一些打倒自己的把柄而已。

成为一个好听众的最佳条件是：妻子不必以为，越了解丈夫工作的细节，越能使他得到满足。如果她的丈夫是个绘图员，他就不会希望他太太了解如何绘制蓝图。但是，当他工作的时候，她要对发生在他身上的事情具有同情心、有兴趣，并且提高注意力。

我所认识的一个会计师娶了一个女人，她对于会计的了解，就像我对于分子理论那样一窍不通。但是我的朋友却说："甚至在我公司发生的最技巧性的问题，我都可以向她说个痛快，而她似乎也都很直觉地领悟了。回到她的身边，知道她将会灵巧而有耐心地听我讲话，这是多么奇妙的啊。"

真的，一对敏感而受过训练的耳朵，将会使一个女人更加可爱，并使她有一张比特洛伊城的海伦还要美丽的脸孔——而且为她的丈夫带来更多的好处。

[尊重他的
 小嗜好]

让丈夫拥有自己个人感兴趣的嗜好，并给他合理的机会享受完全的自由，那么你就是在做使他快乐的事了。

[满足丈夫的个人爱好]

和丈夫共享他的爱好，是让他快乐的一个方法。但是，让丈夫单独享有一些完全属于他自己的特殊爱好和兴趣，也是很重要的。

"没有一对婚姻能够得到幸福，"安德烈·摩里斯在《婚姻的艺术》一书中说，"除非夫妇之间能够相互尊重对方的爱好。更深一层说，如果夫妻双方希望两个人有相同的思想、相同的意见，和相同的愿望，这是很可笑的想法。这是不可能的，也是不受欢迎的。"

所以，你应该让你丈夫有私人的空间去做他的工作，如集邮，或是其他任何他所喜爱的事情。在你眼中，他的爱好也许不怎么高雅，但是你千万不要阻止它，或是厌恶它，你应该迁就他。

爱好所带给男人的好处了：让他能够精神爽快、冷静而热心地回到自己的工作上来。

[良好爱好的好处]

养成一些良好的爱好，不仅能使丈夫得到好处，妻子也通常可以获得帮助。

詹姆斯·哈里斯夫人嫁给一家大石油公司的地区审计员。詹姆斯·哈里斯在休闲时喜欢装饰室内和修理家具。当然，他的妻子非常欣赏他漂亮的手艺，由于他有这种良好的爱好，他们家显得非常吸引人。

他还有另外一种爱好，给每个人带来了许多乐趣：他教他家的苏格兰种小猎狗马克演把戏，虽然马克是业余演员，但是很受观众喜爱。它最拿手的绝活是弹钢琴，开始的时候用前脚弹，然后用后腿弹——有时候还四条腿并用一齐弹。

请记住，妻子如果能够鼓励丈夫培养一种有趣的爱好，就要不必担心他去追别的女人了。只有那些对生活感到厌倦的丈夫，才会掉进狐狸精的陷阱里。

职业心理学家警告我们：当男人开始对他的爱好和消遣比本来的职业更热心的时候，妻子就应该特别注意了。这表示有些事情不对劲。他正在利用他的爱好来逃避工作，这里面可能有什么原因使他不再对工作感兴趣。如果这种情况发生了，你就要想办法帮助他分析情况，找出问题所在。爱好的真正作用，是帮助人们改变繁忙的工作步伐，舒缓紧张的心情。

[让丈夫发展个人爱好]

丈夫有了特殊的爱好以后，我们还必须让丈夫独自去做他喜爱的事，使他觉得有了真正属于自己的东西。这对于每一个人都会很有好处。

有一位单身男士告诉过我，如果他能够找到一个女孩子，愿意陪伴他，而且在他希望单独呆一会儿的时候，能够尊重他的这种愿望，让他独自去做自己喜欢的事，那么他就会马上和这个女人结婚。

家庭主妇都有许多单独自处的时间，所以她们通常无法理解这种奇怪的男性愿望。一个被"撇下不管"的男人，并不意味着真正的寂寞——这只是说，他从女性的需求和拘束之中获得了自由，拥有了独自支配自己灵魂的机会，并且至少享受到了自由独立。

有些丈夫会在某个晚上离开家出去打打保龄球，或是和一群男士玩纸牌，由此获得自由独立的感觉。有些人则是去钓鱼，还有人把自己关在车库，把汽车仔仔细细地检修一番，或是读一本侦探小说。不论丈夫把这些快乐的自由时间做了什么特别的安排，如果妻子能够尽心促成这些事情，那就是最聪明的女人了。

我从自己的经验里了解了这件事。二十年来，我丈夫一直有个习惯，每个星期天下午都要和他那位作家老友荷马·克洛伊在一起。戴尔认为，不能因为他已经结婚了，就必须放弃这个乐趣。整个礼拜的其他时间我们都在一起了，后来我终于学会安排我自己的星期天下午。而我丈夫和荷马在星期天下午得到了许多乐趣，在森林中散步，无拘无束地轻松一番，到平常不可能去的餐馆吃一些平常不可能吃的东西，或把冰箱里的东西吃个精光——这是在享受一种自由的、轻松的、孩子气的乐趣。然后，他们都会回到自己的妻子和工作身边，而感到非常愉快、平静和新鲜。

毫无疑问，丈夫时常需要从束缚他的皮带中挣脱出来。如果妻子能够帮助和怂恿他们，去培养一些有趣的爱好，并且给他们合理的机会享受完全的自由，那么我们就是在做一些使他们快乐的事。

一个幸福快乐的男人，一定会比一个害怕太太、受到骚扰和挫折的男人工作得更好，而且更有希望获得成功。

鼓励和赞扬，让家庭更幸福

在夫妻双方共同呵护下，爱情之树才会茁壮成长，偶尔浇浇水，施施肥，也是保持爱情之树常青的秘方之一。而赞美，则是一种特效肥。在过去众多的著作中，人们往往关注和强调的是先生对太太的赞美，而忽视了先生同样处于与太太平等的地位，因此他也需要赞美，并且应该得到赞美。事实上，通过适当的鼓励和赞扬，你的先生会更好地对自己的生活方式做出改进，从而增进你们的家庭幸福。

向丈夫说"你无论如何也不会成功"的妻子，只会使这句话更快实现而已。

查士德·斐尔爵士写道，"每一个男人事实上都是两个人，一个是他真正的自己，另一个则是理想中的自己。"只有优秀的女人，才能将这两种形象合二为一。

没有一个男人是不希望成功的。如果一个男人本来是羞怯的，他就想要勇敢些；如果他并没有广受欢迎，他就想要被大众所喜欢；如果他缺乏信心，他就渴望成为毫不惧怕的人。

作为妻子的职责，就是帮助她的丈夫成为他理想中的那个人。要做到这一点，需要相当的智慧：不要挑剔他，也不要拿他来和隔壁的某某人相比，也不要设法使他工作过量，而是应该温柔地鼓励他、赞赏他，给他加油打气。

当男人受到妻子的赞美，当他们听到"你真了不起，我很以你为荣，我真高兴你是我的"这种话的时候，几乎没有人不会高兴得跳起来。

法国著名的科幻小说家凡尔纳在还没有成功前，他把小说稿寄给出版社，可是一次次地被退回来。当退到第十七次的时候，他心灰意冷，把书稿投进火炉，发誓今世再也不写书了。妻子看在一旁，十分心疼，她也知道此时丈夫最需要的便是鼓励与支持，于是体贴的她一把将书稿从火炉里抢出来，对先生说："你再试一次吧，亲爱的。我相信你，你能行。"凡尔纳在妻子的鼓励下，再一次投稿，成功了，而且是一举成名。

可以设想，如果没有这位妻子的安慰和鼓励，凡尔纳会怎么样呢？也许就会默默无闻、才华被终生埋没。我们这个世界上。如果没有妻子对丈夫的安慰、鼓励和帮助，许多丈夫又会变成什么样子呢？所以说"好妻子是一所学校"，"男人是由女人造就的"。

如果你的丈夫在事业方面拥有强烈的企图心，以下这种方式一定能够为丈夫创造"较为高大"的形象。比如说，如果你必须代替丈夫婉拒别人的邀约，你可以对他说："我先生非常希望今天能够与你共进晚餐，但是因为他已经与人有约在先，要谈一笔生意，真是十分抱歉。"或者当别人问起你丈夫的近况时，你可以有意无意地吐露："这一阵子他正忙着搜集资料，准备出版专书，实在太忙了，就算是我，一天都难得跟他说上几句话呢！"

妻子或许随口说出的几句话，往往会重塑起人们心中对她丈夫的形象，从而使别人认为她的丈夫十分有才能，并因此做出更高的评价；对于男人而言，面子是头等大事。对这样的妻子，任何男人都无可挑剔，并摆到在她的石榴裙下。

每个人都有缺点，男人犯错会阻碍自己的事业发展，而女人的错误则容易影响别人对家庭的评价以及社交上的成败，甚至连男人的事业也会受到牵连，可谓受到池鱼之殃。不是每个男人的才能都能为人所知，男人的成就多半是由他的妻子告诉别人的，男人在外人眼中的光辉形象是靠妻子塑造的。可是并非每一个妻子都能够在与别人交谈时赞美自己的丈夫，有时反而常常"吐槽"，把自己的丈夫贬得一文不值，害得每次丈夫在一群女人面前出现时都遭遇白眼，而丈夫却只能莫名其妙。

　　王女士就是这方面的高手，她的丈夫是位文学硕士，本该是无可挑剔的了。然而除了看书之外，她的丈夫没有别的兴趣。于是，王女士便整天碎碎念：一屋子都是书，既不能吃也不能喝，整天只会空谈理论。

　　明明不会修电视，却买本书回家有样学样，结果越修越糟。连下厨做餐饭，也要抱着一本食谱，结果煮出来的东西根本不能吃，真是气死人了。

　　在王女士叙述中，她的丈夫似乎是一个完全没有优点，一无可取的人。结果，每次提到王先生，一班女人就好窃窃私语，暗自发笑。这不仅仅导致了别人对她丈夫的轻视，甚至对于王女士择偶的眼光，也相对产生了相当怀疑。

　　人是容易受到暗示及催眠的动物，日常生活中我们常常会觉得，咦，那个人听说很蠢，日积月累，他就逐渐变得比以前更迟钝了；如果总是听到比别人夸某人很有礼貌，你也会觉得那个人嘴巴真甜，简直像被蜜糖泡过一样。

　　给予丈夫正面的激励，久而久之，不但可以激发丈夫无限的潜能，更可以让他做出超水平发挥。妻子对丈夫的称赞往往比"教训"更能赋予男人动力，称赞是一种激励，让他充满热情，全力以赴，做到最好，而教训是一种践踏，践踏尊严，践踏权威。

　　一位学者历经数载写成的书终于出版了，他激动地搂住太太，深情地说："谢谢你，没有你的支持我是无法完成这一工作的。"

　　太太却说："不，那是你心血和智慧的结晶，我只是为你查了些数据，抄了下稿子。这些都是我应该做的。我为你感到骄傲。"

　　先生动情地说："我会更加努力的，我会用更大的成绩来报答你的爱。"在那本著作的扉页上，清晰地印着几行大字：献给我亲爱的太太。

　　虽然不是每个人都能成为这样一位学者，可是如此的赞美是激励一个男人最有效的方式，使他获得战胜困难得勇气以及对家庭与事业的责任感。日月如梭，岁月变迁，在你心中，先生应该永远是最好的，是你最爱的。毕竟在婚姻的道路上是你们彼此选择了对方。世界上千千万万中声音，没有一种声音会比太太对先生的赞美更加悦耳动听。如果你选择像王女士那样的方式，用暴露、责备、指责去对待曾经深爱的他，只会让这个男人意志消沉，甚至充满了自卑感，以至无地自容、不知长进，终日萎靡不振，最后一事无成。

为他的
健康负责

根据专家的介绍，在五十岁出头便去世的男人的数目比女人要多百分之七十至八十。更糟的是，专家们认为这主要是我们的错误造成的。

请听人寿保险公司刘易斯·艾·杜布尔博士的介绍。刊登在《人生生活》的一篇名为《停止谋杀你丈夫》的文章里，杜布尔博士说："四十年以来，我一直在一家人寿保险公司担任工统计作，所得到的结论是：许多男人在保险的年限没到以前就死了，然而如果他们的妻子能够更加精心地尽到自己的职责，照料她们的丈夫，这些男人也许就会被救回来了。"

赫尔伯特·柏拉克是纽约市西奈山医院新陈代谢疾病的一名医生。在《现代妇女》刊载的他的一篇《为什么丈夫们死得这么早》的文章里，柏拉克医生告诉我们："你想要保持丈夫的健康，并确实能延长他的生命……现在，你已经掌握了这种能力，可以用它来延长你丈夫的生命。"

如果你的丈夫超重，那么许多生活在半饥饿状态的苦力劳工，都会比你的丈夫活得更久。在俄亥俄州克里夫兰最近召开的一次医学会里，《减肥与保持身材》的作者诺曼·乔利菲博士，把肥胖称为"美国公共卫生中最大的一个问题"。

不可否认，妻子对于丈夫腰围的增大是该负责任的。一个男人所吃的东西，就是他太太摆在他面前的食物。往往妻子的菜肴煮得愈可口，丈夫的腰围就变得愈大。当我们端出那些精心制作的甜点，不断地给他吃一些核桃饼和绒毛蛋糕的时候，如果他说"不"，那么他就太不领情了。大多数男人在年龄增加以后，体力活动都会减少，因此他们所需要的食物就更少了，但是，他们往往吃得更多。提早养成一个良好的饮食习惯，这是我们的职责，如果我们想保持丈夫的健康的话。

此时，热量低而产生高能量的食物，就是我们最好的选择。如果你不知道的话，就去请教医生。他也会很乐意地告诉你，应该如何安排你丈夫的饮食，使他的体重逐渐下降，而且精力保持充沛。

F.尤吉尼亚·怀特海德博士是面粉协会的营养专家。她认为，减肥的最好方法就是不要吃脂肪太多的食物。据怀特海德博士的看法，一天三餐应该按照体力消耗的情形每次都吃适当的食物。她还提醒我们，每一餐中都要有动物性和植物性蛋白质的食物。

注意你丈夫在家吃饭的情况，不要给他慌忙和紧张的气氛。不要闹钟一响就爬起来，一边下楼一边吃着早餐，公文包一夹就冲出门去。可叹的是太多的家庭都有相同的早晨冲刺。

巴尔的摩神经精神学院的精神科主任罗勃特·V.沙利格博士警告我们说："早餐时狼吞虎咽，冲出门去赶七点五十八分的专车，然后开始工作，中午在杂货店吃上十五分钟的快餐，或者是一边开业务会议一边吃着午餐。这样情形，对于生活在当代的许多男人来说，真是太普遍了。"

如果有需要的话，你应该早一点起床，至少也要让你丈夫吃上一顿不慌不忙的营养早餐。

布里森先生经常把整个公文包的文件带回家处理。他发觉自己很疲倦了，无法在晚上把这些工作处理好。他的妻子就建议他早一点睡觉，第二天早晨提前一个钟头起床。他们两个都很喜欢这种安排，所以他们现在每天都这么做，不管布里森先生有没有工作上的需要处理的文件。

布里森太太说，"在那多出来的一小时里，是我们每天的享受。我们先吃一顿舒服的、不慌不忙的早餐，没有任何受压迫或匆忙的感觉。然后，如果克拉克有工作要做，他就趁这时把它做好。在这段时间里，没有电话或门铃的声音，没有任何的打扰。有时候他只是看看书，放松放松心情，做些家里的琐事或画画。有时我们也会到公园里，享受享受清晨漫步。"

"由于我们每天早晨都有了安静舒适的时光，我们两人都觉得，不管这天将会发生什么事情，我们都可以处理得很好。当然，对于那些晚睡的人来说，这个方法就行不通了，我们一般都睡得很早。"

如果你也是那种在早上就开始慌忙和紧张的人，那么，为什么你不试试这种方法，也许这个额外的一小时会对你有好处呢？

如果你希望自己的丈夫更长寿、健康，请你遵守以下这些原则：

[注意丈夫的体重，就像注意自己的体重那样]

请写信给任何一家保险公司，向他们要一张体重和寿命的对照表。然后量一量你丈夫的体重，看看他有没有超重百分之十。如果他超重了，请你的医生替他开出减肥食谱。

千万不可以让他自行减肥，或是服用广告上的减肥药。在使用任何减肥方法前，一定要先请示你的医生。

为了配合医生的处方，尽你的所能把给丈夫吃的食物做得美味可口一些。不要总是无可奈何地告诉他，这是为了他的身体好。只要确实做到给丈夫的食物看起来吸引人，那么吃起来也会很可口。

[坚持让丈夫一年做一次健康检查]

预防仍然是治疗的最好方法。许多死于心脏病、癌症、肺结核和糖尿病的人，如果他们的病症能够在早期被发现，就完全可以预防了。

美国糖尿病协会的统计显示，全国的糖尿病患者已有两百万人——至少还有一百万以上的人患有糖尿病，但是他们自己并不知情。

许多人很会照顾自己的汽车，但是却不知道如何照顾好自己的身体。这件事听来很可悲，但却是真的。所以，你一定要随时注意你的丈夫，让他接受定期的健康检查。

[不要让丈夫操劳过度]

拥有野心可能会使他事业成功，但是这也很容易使他无法活得很久、享受人生。所以，如果晋升必须让他承受很大的压力、紧张和过度操劳，你就应该下定决心让他放弃晋升的念头。

纽约马白尔协同教会的牧师诺曼·文森·皮尔博士，在印第安纳波里对一群听众讲演时说，现代美国人，很可能是有史以来最有神经质的一代。

皮尔博士说，"爱尔兰人的守护神是圣·派翠伊克，英格兰人的守护神是圣·乔治，而美国人的守护神却是圣·维达斯。美国人的生活太过紧张、太过激动，即使他们在听到以后也不能平静地睡去。"

所以，你应该让你的丈夫少赚一些钱，如果赚大钱的代价是不幸或早逝的话。如果他对自己要求得太严了，你应该鼓励他满足于稍低一层的成就。一个女人的态度，对于丈夫自我的要求，往往具有决定性的影响作用。

[注意让丈夫获得充分的休息]

抵抗疲劳的秘密，就是要在疲倦以前就好好休息。短暂的放松心情，往往会有惊人的效果。如果你丈夫每天都回家吃午餐，那么在他回去工作以前，尽量让他躺下来休息十分钟或十五分钟。

鼓励他在晚餐之前小睡片刻。这可以使他能多活几年。美国军队每行军一小时后，就要强迫士兵们休息十分钟。小说家索莫西·毛姆七十多岁时，仍然精力充沛地工作。他说他的活力是来自于每天午餐后的十五分钟小睡。温斯顿·丘吉尔吃过午饭后要在床上休息一两个钟头。朱利安·戴特蒙活到了八十多岁，还在纽约塔利顿一家全世界最好的苗圃里很活跃地工作。戴特蒙先生每天下午都要睡一段长时间的午觉，他说，午睡使他保持像小提琴那样和谐的生活。

［ 使丈夫感受家庭生活的快乐 ］

一个不断唠叨、喜爱抱怨的妻子，对于男人的成功是一种障碍，因为她总是使自己的丈夫伤心，以致没有办法专心自己的工作。对于丈夫的身体健康，这种妻子也会造成一个威胁。

一个不快乐的、忧虑的或是容易发怒的男人，很容易"突然间躺下去"——他的内心如此紧张，他的应激反射作用就不能适当地产生。他很可能会被一辆车撞倒，在公路上把自己和旁人撞得粉碎，或者是在工厂里被机器轧伤，如果他做的是机械工作。

他也很可能暴饮暴食。康奈尔大学的哈利·古德博士说："人们在不快乐的时候，或是为了从压抑或紧张之中解脱出来，他们通常会大吃一顿。"

每个人在人生中成功的主要意义，就是要拥有足够的健康去享受人生。然而，不管我们做妻子的喜欢或不喜欢，我们都应该对丈夫的身体健康负责任。"我的生命掌握在你的手中"，也许就是每个已婚男人的主题曲。

$$
\begin{bmatrix} \text{多一些投入，} \\ \text{让爱一生相随} \end{bmatrix}
$$

每个人都渴望白头偕老的爱情，十指相扣相伴到老。还有什么比永世不渝的爱情更令人幸福的事呢？如果历经漫长的岁月风霜，还能彼此相爱相守，那是多么丰厚的福泽呀！

大多数人的爱情都是平淡如水的，如日子一样慢慢流去，人们也适应这种平淡与安宁，也没多少大喜大悲。但并不是所有的爱情都是一样的，有一种感情是感天动地至死不渝的，是可敬、可怜、甚至可畏的，它穿越了一切世俗的东西，把爱情升华到了一个几乎完全脱离现实的高度，成了爱情的楷模，但那也是许多俗世人可望不可及的东西。

蒋蕾的男友是常州一家食品公司的销售经理，"我上大学的时候，他已经工作两年了。原本打算等我毕业后就结婚。那段恋爱期，我们就像是半同居的状态，他一回来我们就抓紧时间腻在一起，我还曾经认为这样的状态不结婚也蛮好的。"但是后来事情就发生了变化，蒋蕾发现，男友在常州又找了个女朋友。"他倒是过得挺潇洒的，没有婚姻的约束，不用对任何一方负责任。"

坚持爱情"半糖主义"的年轻人有着不愿承担社会与家庭责任的性格弱点，这样会对社会与家庭产生负面影响。一些由婚姻带来的需要，如性的需要、经济原因、生孩子等等，都被婚前性行为、多性伴侣、同居等行为代替；同时，生孩子带来的高成本、离婚率的提高也同样造成婚姻的成本升高。现在的年轻人在恋爱时理性多于感性，不愿意投入，以此逃避婚姻带来的一系列责任。但幸福的家庭应当是每个人追求的目标，婚姻家庭的功能是不可替代的。

"我们要天天相恋，但不要天天相见，只需要悱恻缠绵，绝不要柴米油盐，有共同的生活经验，绝不用共同的房间……"这是黄舒骏一首老歌里的歌词，形象地描述了现在都市男女中，一种既能享受不婚的悠游自在，又能"兼容"爱情，感受相恋却不需天天相见的"半糖主义"的生活方式。对于这种"半同居"的恋爱方式，有人追捧，也有人排斥。

即将"奔四"的江波，长相英俊，在一家外贸公司任企划部经理，一直没有结婚的打算，这让他的父母很恼火。每次父母一帮他安排相亲，他总会说自己已经有个交往多年的女朋友，但是却从来不带回家。江波说，"我不想给她造成压力，因为我们都不想结婚。一旦将她带回家，父母肯定会催着结婚。"

江波说，他和女友已经恋爱6年了，当初也有过结婚的念头，但是双方都害怕婚后大家的生活习惯不同，互相接受不了而闹离婚，所以他们想到了试婚。果然，两个人的性格都很强，各自有各自的生活方式，怎么也融不到一起。"所以我们决定以半同居的方式在一起，这样既有情感寄托，又能够一直保鲜恋爱的感觉。"像江波一样，有着这种"半同居"想法的以男性居多。楠楠是为数不多的持赞同观点的女性，"这样没什么不好的，各自住在自己的家里，不会为柴米油盐的小事争吵，不会为将来子女上学的问题烦恼。但是有个前提条件就是，双方都要有足够的感情基础，还要彼此忠诚。"

有人认为，这种"半同居"的方式是两个人感情脆弱的一种表现。不考虑责任又要保持肉体接触，这明摆着就是各怀鬼胎，他们准有骑驴找马的潜藏念头。两个人如果有了深厚的感情基础，为什么不考虑结婚？每个人都有优缺点，不能因为结了婚后，发现自己不能容忍对方的缺点，因此而放弃这段感情，这是很幼稚的想法。

不论是男性朋友还是女性朋友，任何时候都要保持住自己当年的风采，自己对对方的吸引力不减，爱情中就一切就都是安全的。有句话说，难得糊涂。批判的声音很多，但其实，这句话有相当正确的地方。爱情中，当你有能力去处理一切的时候，你才要把一切都看得那么清楚，如果你没有能力处理，那还是糊涂一点好，能看不见的就当没看见好了。

尤其对女性朋友来说，结了婚并不意味着万事大吉，功德圆满，殊不知这才刚刚开始，这个时候不是要考虑如何把老公看住，而是要考虑如何把他吸引住。聪明的女人总是花心思在自己身上，只有愚蠢的女人才把心思花在如何监控老公上。

如何把爱情变得唯美浪漫是人们对爱情最美好的梦想与向往，人们把其他的一些东西也拿来做添加剂，比如鲜花，巧克力，包括各种以爱的名义举行的节日，人们耗费心力无非是想换来所爱的人一个动人的微笑，把爱情本身也变成了一种艺术。

结婚三年了，渐渐感觉到激情失去，麻木代替了激情，上班下班，吃饭上床，每天都是鸡毛蒜皮。

他说，你怎么越来越邋遢？她穿着大背心，上面有污垢，棉布的大短裤，头发用夹子胡乱一别，眼角还堆着眼屎，下了班就是这个样子，而且常常穿着拖鞋四处和邻居去聊天，从前的淑女形象荡然无存，她再也不是他心中那个天使了。

而她说，看你懒的，就知道躺在沙发上看球，一天到晚在网上和美眉聊天，你多少天没和我说过十句以上的话了，你多少个月没给我买过一枝鲜花了，你多少天没说过"我爱你"这三个字了？把我骗到手就这样啊？

谁骗你了？他嚷着，你看看你现在的样子，我终于明白什么是"黄脸婆"了。越吵越僵，到最后，想离婚的心都有了，当初的山盟海誓显得那么虚张声势，谁还以为当初说的是真话？可谁又真想离婚？

他还想看到她美丽的样子，不想让她变得这么邋遢；她呢，还希望他一如从前一样爱她。其实，都是想要回爱情原来的样子。

其实，不论哪一种爱情，它一生都和彼此的美好相依为命，当这种美好失去了，爱情也就结束了，无论一见钟情或日久生情，还是平淡如水或感天动地，也无论是浪漫唯美或朴实无华，还是相濡以沫或生死相许，都让我们在它们的美好中永远穿行，都让我们永远在爱的名义下拥抱命运，拥抱生活，拥抱幸福，拥抱快乐，拥抱梦想，拥抱我们所爱的哪个人。

结婚后多年，爱情也许早已被亲情所取代，那么如何让爱情能长久保鲜呢？

爱情是需要经营的，只有精心经营的人才会不断收获到令人欣喜的果实，比如在西餐厅订一个属于你们的位子，如果那里有你们共同的记忆，那一定是件锦上添花的事情。给对方买一件礼物，可以是一本书也可以是健身中心的一张卡等等。

看看恋爱专家的保鲜绝招，肯定会对你有用的。

1. 清晨醒来的时候给他一个甜美的微笑。

2. 看着天花板，发会儿小呆，大声细数你情人节的 n 个愿望，虽然听众只有一人。

3. 赖在床上不起，让老公为你做一顿早餐。

4. 主动请缨，给老公刮刮胡子，并且不许他自己加工。

5. 出门的时候和他吻别，并保持这个好习惯。

6. 给自己买一件礼物，可以是一本书也可以是健身中心的一张卡，情人节的时候别忘了爱自己多一点。

7. 送他一件礼物，一件只属于你们的礼物。

8. 相约在影院看一场电影，内容是什么不重要，重要的是你们又回到十指相扣漫步街头的时刻。

9. 和他在沙发上看一张有意思的碟，重要的是内容，可以让你们更相爱更愉快的那种。

10. 在西餐厅订一个属于你们的位子，如果那里有你们共同的记忆，那一定是件锦上添花的事情。

11. 在家里张罗一桌看上去很不错的晚餐，换上漂亮的衣服等他回来。

12. 把给他买巧克力的钱全部用来买排骨，给他做一顿红烧排骨。

13. 把他偷偷藏起来的臭袜子洗干净，并且丝毫没有抱怨。

14. 两人在家中亲自下厨做一顿情侣烛光晚餐。在餐桌上点着蜡烛感受浪漫气氛，你做饭，他洗碗更是幸福一幕。

15. 翻开抽屉最里的一格，拿出当年的情书让对方大声朗读。

16. 到外面的"diy吧"精心制作一块漂亮的香皂，可以放进去你们的照片或者做成心形，又芳香又甜蜜。

17. 到甜品屋亲自制作甜味的浓情朱古力，可以写上你们的名字和姓氏，还可以多做点给孩子留一部分。

18. 像情人一样在酒店共度良宵，从晚餐开始就能体会到这一晚与平时的不同，仿佛蜜月时光。

19. 参加以浪漫为主题的party，听着古典舒缓的音乐，在醉人的音乐中双双起舞。

20. 约上他一起喝杯咖啡，端起一杯亲手diy的特色咖啡，或斜靠藤椅，或执手相看，传递浓浓情意，让时光于此暂停。

21. 和两人共同的朋友结伴同游，此时你会发现狐朋狗党的重要性，大家一起情人节的感受也不错哦。

22. 手拉手去看看新开的楼盘，买不买没有关系，至少可以憧憬一下你们更为幸福的明天。

23. 一起坐到婚姻登记所的门口数数有多少对情侣走进婚姻的殿堂。

24. 去教堂为别人的婚礼当免费观众并且衷心为他们祝福。

25. 买上大束的玫瑰和大盒的无糖点心，去看看父母，承欢膝下，祝贺他们的白头偕老。

26. 一起下厨给父母做一顿晚餐，拿出你们的看家本领，来桌当家菜，让爸爸妈妈为你们的幸福感到高兴。

27. 为对方的父母挑选可心的礼物，亲自送上门去并真挚地表达你的深情。

28. 换一床温馨的床单被罩，让整个卧室变得焕然一新，十分喜庆。

29. 挂上颜色鲜艳的窗帘，进门的时候眼前一亮，那会改变你们的心情。

30. 给自己一个不计较卡路里的理由，让他陪你大吃一顿哈根达斯冰淇淋，甜蜜到底。

31. 驾车去游山河，看车窗外的灯火和衣着光鲜的情侣，空气里都有甜甜的味道，这样的夜晚真是美丽。

32. 你可以在情人节前一天就租妥好看的影碟或录影带，并且准备好零食和卤味，好好地把这个节日搞成饮食节，大家集体休闲。

随着时间的推移，人们的爱情往往也会慢慢降温，有人这样说：作为爱人，不但要接受他的优点，还要接受他的全部。这里面，有一份宽容，有一份体谅。爱情这个东西不是虚的，是两人之间实实在在的东西，需要道德，需要责任，需要宽容，需要体谅，当然也需要浪漫，尤其要克服我们自身的惰性，决不能让这个破习惯成了自然。

仔细想来，要使爱情保鲜，真的不是一件容易的事，靠的是相爱双方共同的维护，爱情本来就是两个人的事！

当然，爱情可以保鲜的方法很多，但是，就必须身体力行"爱情保鲜法则"，让彼此做一生的情人，永远的爱人！

所谓"爱情保鲜法则"，是：

1. 克服自身的惰性，不要习惯于现状。

2. 加强自身道德修养，增强自身责任感。

3. 保持"年轻的心"，勇于接受新事物，与时俱进，保持生活内容的新鲜。

4. 及时充电，完善自我，做到永保魅力。

5. 不要等爱情变质的时候再去做你应该做的事情，没有了爱情，自然就不存在保鲜问题。

6. 经常制造新鲜感，偶尔让对方觉得惊喜。

7. 在特别的节日准备特别一些的礼物或者活动。

8. 要注意发现对方的优点，尽量忽略对方的缺点，优点放大化，缺点缩小化，那样才不会产生更多的矛盾。

9. 有什么心理上的波动时就告诉自己：这个人被我遇到很难得，千万要珍惜，不能因为一些小事就伤了感情；

10. 从你所爱的人身上发现你所缺少的美好东西，并力求保持它、珍爱它、升华它，它能使你们的爱情青春常在。

其实，男人同样也需要关心，这是对他的一种认可也是对他的一种慰藉。因为男人刚强的外在恰恰让他们的情感世界空虚，所以，这方面的安慰是他们所需要的。作为女人，如果可能的话，应该给他们一种默默的关注和关心，这对他们来说，是一种其他女人所不可取代的东西。

一辈子很长，相守不容易，给你的爱情好好做做功夫保保鲜，愿小女人的你永远快乐，感受爱情的滋润，家庭的温暖；更愿你的家庭永远像一棵大树一样，不断的成长，枝繁叶茂！